U0539059

生產坐月子圖解手冊

暢銷新版

陳祥君・著

作者序

　　孩子創造我們快樂不凡的生活（wonderful life）並給父母帶來歡笑、希望和滿足，更讓大人們真心的體會到家庭的和樂和當父母的滿滿幸福！

　　為了讓新手孕媽咪在新生兒出生後便擁有照護新生兒的基本能力，並能自信的迎接未來新生命的到來，我出版了此書。目的是希望提供坐月子媽媽們在家也能擁有「政府認證合格」的產後護理之家嬰幼兒照護能力，在家就可以用渡假式的享受放鬆方式來輕鬆照護自己的心肝寶貝。

　　此書圖文並茂，力求文字淺顯易懂，沒有太艱深難懂的醫學術語及專有名詞，希望讀者能像看圖畫書般一頁頁地看下去。

　　書中內容取材自：
1. 我自己個人臨床執業的衛教單
2. 婦兒安婦幼中心媽媽教室精華
3. 陳祥君產後護理之家媽媽教室精華
4. 國立台南護專於婦兒安臨床實習的晨會共讀精華

　　感謝所有參與耕耘媽媽教室的醫師和衛教護理同仁們，因為您們的用心努力才會有此書的出版。

　　期待此書的出版對所有孕媽咪在產前檢查，待產過程及產後坐月子的復健塑身都有所幫助！最後祝福全天下孕媽咪皆能平安順產，都可以生下健康活潑又可愛的心肝寶貝！

陳祥君

二版作者序

在此我要感謝全國孕媽咪同胞對台灣本土作者的支持和肯定，才會有此創新革新版的誕生。

醫學新知日新月異，本書也力圖創新求變，希望以更「簡單化」的文字和更「單純化」的圖表讓讀者很有效率地快樂閱讀。

特別感謝遠流出版社出版四部陳莉苓副總編的費心幫忙，讓此書得以更豐富的嶄新內容呈現給大眾！藉由此次改版，我們除了更正初版的文字和提供最新資訊以外，更增添了以下這些新的章節：用藥安全、孕婦少吃糖好處多多、產後身體清潔、產後乳腺炎的照護、新生兒黃疸、嬰兒安撫技巧、兒童牙科保健，希望這本新書能以更優質的著作內容、更精緻的排版和更優美的紙張，讓讀者能更清晰輕鬆地閱讀。

謝謝所有陳祥君產後護理之家編輯小組同仁們辛苦地幫我打稿和編排文字圖表，讓此暢銷新版呈現最「本土化」的坐月子教材。

謝謝我的愛妻無怨無悔地全心付出和不斷鼓勵，讓我沒有後顧之憂地從事24小時接生醫療，也感念上蒼賜予我三個兒子，讓我真心了解為人父的責任和真心體會到人間的wonderful life就是：快樂美滿的家庭。

陳祥君

目錄 Contents

Part 1 妊娠懷孕期間的主要檢查（產前檢查）

一、每次產檢都要檢查的項目・14

二、胎兒詳細超音波的介紹・31

三、認識 3D、4D 立體超音波・34

四、認識脈絡叢囊腫 Choroid Plexus Cyst・40

Part 2 懷孕期間的自我照顧及注意事項

一、產檢門診常見問題 Q＆A・44

二、遠離容易導致畸胎的物質・48

三、用藥安全・52

四、孕婦少吃糖好處多多・61

五、懷孕初期如何改善不適症狀及注意事項・64

六、懷孕初期要補充葉酸・74

七、如何預防嬰幼兒過敏・77

八、認識腸病毒・82

九、寶寶有臍帶繞頸，怎麼辦？· *86*

十、認識胎動的計算· *89*

十一、早期破水與早發性分娩· *91*

十二、產前出血──認識前置胎盤與胎盤早期剝離· *98*

十三、認識產兆· *103*

十四、認識自然產四產程過程及自我照顧要點· *106*

十五、胎心率與子宮收縮的判讀· *111*

十六、減痛分娩施打流程及常見問題介紹· *117*

十七、孕婦下背痛預防及治療· *122*

Part 3 準備寶寶的來臨

一、待產用品· *128*

二、迎接新生兒準備用物· *130*

三、認識腕隧道症候群· *134*

四、認識媽媽手· *136*

Contents 目錄

Part 4 產後坐月子

一、哪裡有好的產後護理機構・140

二、新手爸媽的叮嚀・143

三、孕婦產後身體清潔・146

四、坐月子期間的傷口照護・150

五、成功哺餵母乳的技巧・155

六、產後乳腺炎的照護・164

七、母乳的儲存・168

八、奶瓶的選擇及消毒・174

九、寶寶安撫技巧・178

十、臍帶護理・182

十一、新生兒沐浴・186

十二、新生兒黃疸・191

十三、新生兒常見皮膚問題・197

十四、認識寶寶大便及尿布疹的預防・200

十五、寶寶副食品如何添加・205

十六、兒童牙齒保健・*209*

十七、嬰兒意外的預防・*213*

十八、預防接種與體溫測量・*221*

十九、兒童生長發育遲緩・*229*

二十、產後媽媽的營養照顧・*234*

二十一、產後如何瘦身・*236*

二十二、產後身體紓壓・*239*

二十三、產後運動好處多・*240*

二十四、產後運動的意義・*244*

二十五、產後情緒調適・*246*

二十六、婦女產後避孕・*251*

Part 1

妊娠懷孕期間的主要檢查（產前檢查）

胎兒常見染色體異常疾病的介紹

體染色體	異常狀況	疾病名稱	發生率	臨床表徵
13	Trisomy 13（13 三染色體）	巴陶氏症（Patau Syndrome）	約1/10,000	前腦畸形，視網膜發育缺陷甚至無眼，眼距過小。唇裂或顎裂、多指（趾）症、先天性腎臟畸形、心臟缺陷等
18	Trisomy 18（18 三染色體）	愛德華氏症（Edwards Syndrome）	約1/3,000	佔自然產及死胎的1%，即使能存活50%在兩個月內死亡，而90%在一年內死亡。四肢異常、頭骨外觀為鑽石或草莓型、先天性心臟病、橫膈膜缺損等
21	Trisomy 21（21 三染色體）	唐氏症（Down Syndrome）	約1/800	中度智能不足、鼻梁扁平、目眥上斜、短頭畸形、小口併舌頭突出及扁平的臉部側面、先天性心臟病、聽力缺陷
性染色體	45X（Monosomy X）	透納氏症（Turner Syndrome）	佔活產女嬰約1/5,000	大部分早期流產，能存活到新生兒時期不到1%，典型臨床表徵為身材矮小、性腺發育不良、盾狀胸、蹼狀頸、第四手掌骨短小、指甲發育不良、腎臟異常等
性染色體	47XXX	三染色體X症候群（Triple X syndrome）	約佔女嬰1/1,000	在新生兒時期，外觀與常人無異。長大後她們的身高，高於平均身高。第二性徵與生育能力大致正常，但語言發展較為緩慢，可能會有一些學習障礙
性染色體	47XXY	柯林菲特氏症（Klinefelter Syndrome）	約佔男嬰1/500~1/1,000	睪丸與陰莖較小、男性女乳症、身體毛髮稀少、無精子症而導致不孕、各式各樣多變化的精神病等
性染色體	47XYY	超男性症（Super-man Syndrome）	約佔男嬰1/1,000	外觀正常，臨床上呈現有個人差異與多樣的變化，沒有特定的特徵。僅有身材高，自兒童期可明顯表現，最終身高會高於父母與手足

參考資料：國民健康署網站

Part 1 妊娠懷孕期間的主要檢查（產前檢查）

一、每次產檢都要檢查的項目

(一) 產檢的正確觀念

適當的產前檢查可以提早發現母親自己及胎兒本身的潛在異常狀況，讓產檢醫師及早醫療處理，並儘快治療以減少傷害。為確保母親及胎兒的健康請務必定期產檢。

- 定期產檢：
  - ➡ 懷孕 28 週前，**每四週**產檢一次
  - ➡ 28 至 36 週，**每二週**產檢一次
  - ➡ 36 週後，**每週**產檢至 40 週預產期
  - ➡ 過了預產期，每**三天**回診一次
- 自費檢查的項目，可以提供媽媽跟寶寶更多的保障，產婦可以跟醫師討論其檢查的必要性。

(二) 產前診斷項目

例行性產檢項目包含有：**驗尿**、**量血壓**、**量體重**（每次產檢時都要實行），主要目的在篩檢出孕婦**妊娠高血壓**及**妊娠糖尿病**這二種內科疾病。

量血壓 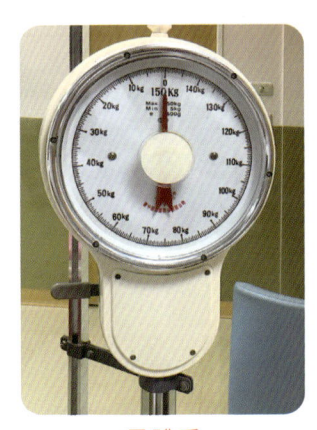　　　　　　　　量體重 　　　　　　　　驗尿

1. **何謂妊娠毒血症**

    - 妊娠高血壓早期名稱
    - 佔全世界產婦死亡人數 10% 以上
    - 佔台灣地區產婦死亡率的第二位

    目前全世界產婦之死亡人數至少有 10% 是因為懷孕期高血壓所造成（早期統稱懷孕引起的高血壓為妊娠毒血症（Toxemia of pregnancy）；是因為當孕婦病情惡化以後，此病會引發孕婦全身器官衰竭和造血系統功能的急遽敗壞！血中出現大量人體廢物結果，會毒害母胎），近年來台灣地區產婦死亡率的第二位即是本病，其發生率約 4~7%，是懷孕婦女最容易罹患的內科疾病。

    如果病情控制不好，一旦發生子癇症（eclampsia；孕婦全身大抽筋合併意識喪失），胎兒會有 10% 的高死亡率，同時孕婦也有 1% 的高死亡率！因此此病特別受到全球婦產界極度重視，孕婦不可不慎！

2. **妊娠高血壓的臨床分類**

    - 慢性高血壓：懷孕二十週前孕婦的收縮壓 ≧ 140 mmHg 或者舒張壓 ≧90 mmHg（二者有一即可）
    - 子癇前症 (Preeclampsia)：懷孕二十週後，收縮壓 ≧ 140 mmHg 或者舒張壓 ≧ 90 mmHg 且須合併有尿蛋白超過 30 mg/dl 或尿蛋白試紙試驗≧1 價。若子癇前症合併全身大抽筋者則稱為子癇症（eclampsia）註： dl = deci - liter = 100 c.
    - 慢性高血壓合併子癇前症或子癇症
    - 暫時性妊娠高血壓：懷孕二十週以後，孕婦只有血壓高（收縮壓 ≧ 140 mmHg或者 舒張壓≧ 90 mmHg），但無蛋白尿

3. **子癇前症 (Preeclampsia) 的臨床分類**

    子癇前症又分為輕度子癇前症和重度子癇前症。重度子癇前症極易引發孕婦多重器官衰竭現象，以及體內造血系統的功能敗壞：即會呈現 HELLP 症候群現象。

	輕度子癇前症	重度子癇前症
血壓	≧ 140/90 mmHg	≧ 160/110 mmHg
蛋白尿	≧ 30 mg/dl (1 價)	≧ 100 mg/dl (2 價)
水腫	輕微，大多發生在下肢踝內側	手、腳、臉、下腹部明顯水腫
尿素氮	正常	上升
血小板	正常	減少
尿液排泄量	正常	24小時＜ 500 c.c.
胎兒發展	正常	遲緩
肝臟酵素	輕微上升	上升
肺水腫	無	有
其他症狀	較少	頭痛、視覺模糊、右上腹痛、胎心率下降

4. 何謂 HELLP 症候群？

- 為更加嚴重的子癇前症
- H (Hemolysis)：脂溶性膽紅素 ＞ 1.2 mg/dl
- EL (Elevated Liver Enzymes)：肝功能 GOT ≧ 72 IU/L、LDH ＞ 600 IU/L
- LP (Low Platelets)：血小板降低 ＜ 十萬

　　目前已知患有HELLP症之孕婦有 72% 會早產，所生出之嬰兒會有高達 34% 的死亡率，而產婦亦有 13% 之死亡率。

5. 重度子癇前症或是更厲害的 HELLP 症經診斷確實後隨時皆可能發生：

- 中風腦溢血
- 肝臟血腫破裂而休克致死
- 視網膜剝離導致失明
- 急性腎衰竭導致肺水腫
- DIC結果造成血小板和凝血因子急速降低引發了全身瀰漫性出血
  註：瀰漫性血管內凝血（Disseminated Intravascular Coagulation，簡稱 DIC）

- 胎盤剝離引發產前大出血
- 全身性大發作抽搐造成胎兒缺氧而胎死腹中

　　該病之所以受到全球婦產界如此高度重視，除了致病機轉未明、無法預防外，係因本病極易造成胎兒早產死亡以及引發產婦多重器官衰竭致死。

　　目前醫界認為重度子癲前症或是更厲害的 HELLP 症一經診斷確實後，無論胎兒週數大小應儘快終止妊娠趕緊產下胎兒（24~48小時內），這乃是確保母親、胎兒雙方平安順產的最佳治療。請孕媽咪們定期產檢並且配合產檢醫師的處置，一定可以平安順利生下您健康、活潑又可愛的心肝寶貝！

(三) 婦兒安產檢流程

- 每次產檢都要攜帶「媽媽手冊」和「健保IC卡」。
- 拿健保IC卡先到掛號室掛號
  - ➡ 再到產檢櫃檯量血壓量體重及驗尿
  - ➡ 有問題可先諮詢護理師再進入診間給醫師看診

健保項目（建議要做）

週數	檢查項目	附註說明
8~9 週	第一次產檢，抽血檢查（血型，地中海型貧血，B型肝炎帶原，德國麻疹抗體，第一次梅毒，愛滋病）及驗尿	・若孕婦疑似地中海型貧血帶因者（MCV < 80），先生需抽血。 ・自民國108.07.01起，只要孕婦為B肝陽性帶原者s(+)或者e(+)，政府全額補助新生兒出生後24小時內免費施打B型肝炎免疫球蛋白HBIG。
24~28 週	75克糖水篩檢妊娠糖尿病	空腹八小時抽血，加上喝完最後一口75克糖水的時間點開始起算，往後第一個小時及第二個小時抽血，三項抽血有≥一項不及格，就可診斷為「妊娠糖尿病」
30~32 週	第二次妊娠梅毒檢測	政府規定妊娠期間，孕婦要做兩次梅毒檢測
35~37 週	B族鏈球菌篩檢	孕婦陽性者須於待產中使用注射型抗生素

6. 認識德國麻疹 IgG 抗體（Rubella IgG）：檢驗項目是在看孕婦有無 IgG 抗體

- 陽性(+)表示孕婦曾經感染過德國麻疹或曾經打過德國麻疹疫苗，具有終身免疫力。
- 陰性(-)表示孕婦未曾感染過德國麻疹，懷孕期應該儘量避免感染，產後可接種德國麻疹疫苗。

　　德國麻疹病毒會經由胎盤傳染給胎兒，陰性孕婦越早期被感染到德國麻疹，胎兒的併發症會越嚴重。胎兒被感染到德國麻疹後會造成：心臟病、耳聾、腦損傷以及白內障……等疾病。

懷孕週數	三個月 (12週) 內	四個月 (16週) 前	五個月 (20週) 後
胎兒感染率	90% 死胎、自然流產	10~20% 單一先天缺陷	生下畸形兒機會很小

7. 認識地中海型貧血（Thalassemia）：

　　目前台灣地區大約有 6% 的帶因者，分為甲型和乙型，若夫妻為同型，胎兒會有 1/4 的機率罹患重型地中海貧血。

- **地中海型貧血症狀**

　　輕型：大多沒有症狀，可能出現輕微貧血會導致疲勞，常常被誤認為缺鐵性貧血。

　　中型：又叫做血紅素 H 症，會出現相當明顯的貧血，可能導致脾臟腫大及黃疸，病人會呈現地中海貧血特殊面容叫庫里氏（Cooley）臉型，包括：額骨及顴骨突出、眼距增加、鼻梁塌、黃疸、暴牙、上下牙床咬合不正。

　　重型
　　　　甲型（α型）：胎兒時期就會長期缺氧導致心臟衰竭進而引發「胎兒全身性水腫」（hydrops fetalis），出生後通常「無法存活」。
　　　　乙型（β型）：新生兒時期正常，出生後 3~6 個月才出現貧血症狀，需藉由「長期輸血」、骨髓移植或是臍帶血移植才能存活
　　　　（又稱為Cooley's貧血）

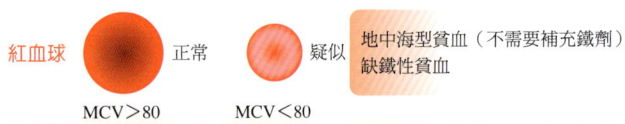

紅血球　　正常　　疑似　　地中海型貧血（不需要補充鐵劑）缺鐵性貧血

MCV＞80　　MCV＜80

一、每次產檢都要檢查的項目

8. **認識梅毒血清試驗**（VDRL）：

　　篩檢梅毒用 VDRL，血清的抗體效價（titer）大於 1:4 表示孕婦「可能有」梅毒感染（即稀釋血清4倍後仍可檢測到梅毒抗體），必須進一步抽血測梅毒螺旋體血球凝聚試驗（TPHA）來確定診斷，若 TPHA 血清效價大於 1:80 表示孕婦「罹患」梅毒（即稀釋血清80倍後仍可檢測到梅毒抗體）。

　　梅毒試驗 (VDRL) >1:4 表示陽性 → 再進一步檢查 → 梅毒螺旋體血球凝聚試驗 (TPHA) >1:80 → 確立感染

　　✓ 懷孕前4個月梅毒螺旋菌比較不能通過胎盤，但是懷孕的任何時期都有可能造成新生兒梅毒感染喔。

9. **認識愛滋病毒篩檢**（AIDS）：

　　愛滋病病毒篩檢陽性者，胎兒有被垂直感染的風險，可給予適當藥物來預防與治療。

　　檢驗項目：HIV ／ 結果：HIV（+）為感染AIDS
　　傳染機率：30%~45%，經胎盤、分娩或哺乳傳給新生兒
　　處理：給予預防性抗反轉錄酶藥物、剖腹產、使用母乳代替品哺餵新生兒，胎兒被感染機會由 45% 降至 2%。

10. **認識 B 型肝炎篩檢：**

　　B 肝雙陽性的孕婦，胎兒被垂直感染的機會很高約 86~96%，如果在出生後 24 小時以內有注射 B 型肝炎免疫球蛋白HBIG，胎兒被垂直感染的機率就會明顯的降低到只剩4~14%，而B肝單陽性孕婦的胎兒垂直傳染率更會因注射了HBIG而下降到只有 3~4%，因此自民國1O8年7月1日起政府全面補助只要B肝陽性孕婦(雙陽性或單陽性皆可)的胎兒在出生內24小時內免費注射一支B型肝炎免疫球蛋白HBIG來降低胎兒被垂直感染的風險！

檢驗項目	高傳染性（B肝雙陽）	低傳染性（B肝單陽）
結果	1. HBsAg(+)HBeAg(+) or 2. HBsAg效價≧2560	1. HBsAg(+)HBeAg(-) or 2. HBsAg效價<2560
傳染率	86~96%	6~21%
疫苗	24小時內注射HBIG及第1劑B型肝炎疫苗	24小時內注射HBIG及第1劑B型肝炎疫苗
胎兒被感染率	4~14%	3~4%

註：HBsAg（B型肝炎表面抗原）　HBeAg（B型肝炎e抗原）HBIG B型肝炎免疫球蛋白

11. 妊娠糖尿病（Gestational Diabetes Mellitus，GDM）

妊娠糖尿病指的就是懷孕20週以後引起的糖尿病體質；如果孕婦血糖過高，會導致羊水過多，胎兒體重過重（巨嬰的定義是出生體重超過四公斤以上），甚至引起孕婦高酮酸中毒甚至昏迷，而寶寶「胎死腹中」的機率也因此而上升為一般人的 3~6 倍；因此妊娠糖尿病篩檢是很重要的。

篩檢步驟是在懷孕24~28週左右，讓孕婦在5~10分鐘內喝完300cc 糖水（內含75克糖粉）之後，再等待一個小時及兩個小時之後，抽母血檢測血清血糖濃度值來作為篩檢（舉例：9:00 喝糖水，9:10 喝完，10:10 及11:10 抽血）。

- **75公克葡萄糖耐受試驗**（oral glucose tolerance test，OGTT）
  ➡ 檢查前禁食八小時
  ➡ 先抽血檢測空腹血糖，之後再喝下75克糖水（5－10分鐘內喝完）
  ➡ 分別於喝完75克糖水後的第1、2小時後，抽血檢測其結果：

範例：即9:00 開始喝75克糖水，9:10 喝完最後一口，10:10、11:10 這兩個時間各抽一次血。

異常值的診斷標準

空腹	喝完75克糖水後1小時	喝完75克糖水後2小時
≧92mg/dl	≧180mg/dl	≧153mg/dl

✓ 三項抽血有≧一項超過其標準就可以診斷為妊娠糖尿病

註：dl = deci-liter = 100 c.c.

12. 為何要篩檢乙型鏈球菌？

乙型鏈球菌（Group B Streptococcus 簡稱GBS）是一種革蘭氏陽性鏈球菌。在懷孕婦女陰道內屬正常的菌種，大約有 20% 的孕婦陰道內都存在乙型鏈球菌。

剛出生的新生兒因沒有抵抗力，若被感染到乙型鏈球菌會有比較嚴重的併發症發生（例如：敗血症、肺炎、腦膜炎），胎兒死亡率甚至高達 4%，因此針對乙型鏈球菌篩檢結果是陽性的孕婦，會建議在進入產程或破水時接受注射型抗生素來預防寶寶被感染，若對盤林西林抗生素會過敏的孕婦，可以接受其他代替藥物的注射，目前本院是採用 Cefazolin（第一代環孢黴素）注射型抗生素，經由靜脈注射來預防新生兒被感染。

自費項目（視需要自行選擇是否篩檢）

週數	檢查項目	附註說明
不限週數	SMA脊髓肌肉萎縮症發生率：1/6,000~1/10,000	若孕婦是帶因者，先生需抽血，一輩子只需驗一次即可
不限週數	X染色體脆折症發生率：男生 1/3,600 女生 1/6,000	此疾病會造成智能障礙，若孕婦疑似帶因者則須抽羊水確定診斷，一輩子驗一次即可
先天性感染篩檢（不限週數）	弓漿蟲→寵物（貓）糞便、生食有關 巨細胞病毒→體液接觸	篩檢(IgM)呈陽性者須接受母血PCR甚至羊水PCR確認胎兒是否感染
8^{+0}~13^{+6}週	早發型妊娠毒血症/胎兒生長遲緩之風險評估發生率：2%	檢出率80%，高風險孕婦於16週前開始服用低劑量阿斯匹靈至34週
唐氏症篩檢（任選一種） 10週後	NIPS新型非侵入性產前染色體篩檢（懷孕10週以上即可檢測）	抽母血即可檢測胎兒DNA，適用於不願意或不適合羊膜穿刺者
15~20週	中期母血唐氏症篩檢 發生率：1/600~1/800	篩檢率：二指標約75%，四指標約83%，若篩檢結果機率偏高（≧1：270），建議接受羊膜穿刺或NIPS確定診斷
17~18週	高齡產婦（≧34歲）建議直接羊膜穿刺	可排除唐氏症及其他染色體問題，「孕婦抽羊水當天」≧34歲，政府會補助5,000元
17~18週	aCGH羊水晶片（需和羊膜穿刺檢查同時進行）	可偵測出一千多種染色體微小片段缺失疾病，如小胖威利症候群、貓哭症、狄蘭氏症候群……
20~24週	高層次詳細超音波（Level II）	可看胎兒有無構造上的異常，需提早預約時間

X染色體脆折症（Fragile X Syndrome，FXS）

定義

「X染色體脆折症」是僅次唐氏症，導致智力障礙的第「二」好發原因。此症是X染色體「長臂（q arm）」末端FMR1基因突變所引起，患者的FMR1基因出現CGG重複（Trinucleotide repeat）次數異常擴增的現象，導致腦部無法產生維持正常神經傳導所必需的蛋白質，因為X染色體長臂末端有脆弱的斷點，且呈現斷裂現象，因而被命名。

認識X染色體脆折症

- 僅次於唐氏症，造成寶寶智能障礙的第「二」大主因。
- 最常見的遺傳性智能障礙疾（性聯顯性遺傳疾病）
- 一生只要做一次篩檢即可

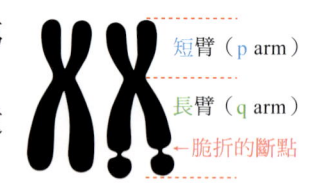

短臂（p arm）
長臂（q arm）
←脆折的斷點

報告如何判讀

CGG重複次數	FMR1基因型	
<45次	正常型	無帶因，胎兒沒有罹患X染色體脆折症風險
45-54次	中間型	胎兒沒有罹患X染色體脆折症風險，但後代有罹病風險
55-200次	準突變型	有帶因，可能卵巢早衰，胎兒有罹病風險
>200次	全突變型	具明顯症狀，下一代具有罹患X染色體脆折症之高風險

臨床特徵

- 男性較嚴重
- 智能有障礙（智商40左右）合併語言障礙及學習障礙
- 外觀有異常：寬額、下巴尖、招風耳、扁平足、巨睪
- 發育遲緩，情緒不穩定，10%會有癲癇發作（Seizure）
- 45%男女帶因者，50歲以後會有運動失調症（Ataxia）與震顫症（Tremor）
- 22%女性帶因者在40歲前發生早發性停經
- 壽命正常

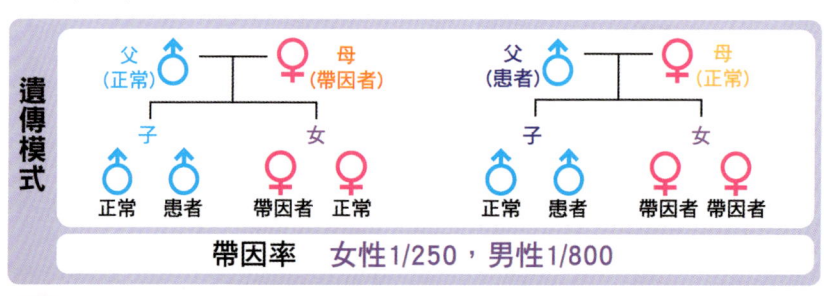

遺傳模式

父（正常） 母（帶因者）
子 女
正常 患者 帶因者 正常

父（患者） 母（正常）
子 女
正常 患者 帶因者 帶因者

帶因率　女性1/250，男性1/800

一、每次產檢都要檢查的項目

13. **何謂脊髓肌肉萎縮症**（Spinal Muscular Atrophy，SMA）？
    - 台灣帶原機率為2.1%，可致命的「體」染色體「隱」性遺傳疾病，此疾病僅次於海洋性貧血，為第二常見的遺傳疾病。
    - 致病原因：脊髓的前角「運動神經元存活基因；SMN1」產生突變。正常人有兩個功能正常的SMN1，帶因患者只有一個功能正常的SMN1，患者沒有功能正常的SMN1。
    - 臨床症狀：肌肉漸進性退化，逐漸影響患者控制隨意肌肉的能力，如走路、爬行、吞嚥、呼吸及抬頭、轉頭、點頭……等日常動作。

依發病年齡、嚴重度及肌肉影響程度分下列三型			
型式	發病年齡	運動障礙	死亡年齡
I（嚴重型） （為最常見的一型）	出生後三個月內	無法吞嚥，呼吸衰竭 四肢無力、哭聲無力	很少活過三歲
II（中間型）	半歲到一歲間	無法走路站立	四分之一患者常在兩歲前死於肺炎，多數患者能活到二十到三十歲
III（輕型）	從一歲多到青少年、成人期都有可能	無力上下樓、跑步不便	長期存活

14. **唐氏症**（Down syndrome）**的歷史背景：**
    - 唐氏症是在1866年由英國的小兒科醫生Langdon Down所發現，那時他發覺有一群智障的病人長得相當類似，有點像東方的蒙古人，所以他就取『蒙古症』作為病名。
    - 1959年，法國遺傳學家傑羅姆·勒瓊（Jerome Le Jeune）發現唐氏症候群是由人體的第21對染色體多了一條造成的現象，這也是人類「首次」發現的染色體缺陷造成的疾病。
    - 1961年，「唐氏症候群」一詞由醫學期刊（The Lancet）的編輯首先使用。
    - 1965年，WHO將這一病症正式名為「唐氏症候群」（Down syndrom）

- **何謂唐氏症：**

　　人類有23對染色體，包括22對體染色體及一對性染色體（決定性別），染色體數目的多或少可能都會造成胎兒的器官異常、早期的流產或胚胎萎縮自然淘汰，而唐氏症就是『第21對』體染色體多了一條。

- **唐氏兒的共同特徵：**

　　皮膚缺乏彈性而過厚、面扁而鼻細，也有人稱之為蒙古症。唐氏症病患者常併發智能障礙與多重先天性疾病與缺陷，包括：智能不足、先天性心臟病、腸胃道異常、免疫機能低下、視力與聽力的缺陷、以及骨骼發育異常……。唐氏症是最常見的染色體異常，新生兒發生率約 1/600~1/800。美國疾病管制局在2006年的統計約為每733個活產兒就有一個是唐氏症。

- **唐氏症智商：**

　　唐氏症智力約落在智商35~70之間，是屬於輕度到中度的智障。

　　截至目前為止並無任何醫療方法可以治好唐氏症，僅能針對病情擬定治療計畫。

- **唐氏症發生原因：**

　　此疾病大多是受精卵開始分裂時，細胞中染色體數目不均衡分配所造成。唐氏症發生機率會隨著母親的年齡增高而增加，因此高齡產婦比較容易懷有唐氏兒。

- **唐氏兒的機率會隨著孕婦的年齡之遞增而升高**
  - 20歲之婦女有 1/1,528 機會
  - 30歲的孕婦有 1/909 機會
  - 34歲的孕婦則增至 1/270 機會
  - 38歲的孕婦則增至 1/100 機會

15. **羊膜穿刺**（Amniocentesis）：

- 施行時間：妊娠懷孕第 16～18 週，視羊水量決定。
- 政府有補助的對象：高齡產婦（抽羊水當天足34歲以上）、懷過染色體異常或是唐氏症胎兒者、近親結婚者、此次懷孕經超音

一、每次產檢都要檢查的項目

波檢查或唐氏症篩檢有異常者、夫婦是嚴重之單一基因疾病患者或帶因者、曾懷胎過無腦兒、脊柱裂等開放性神經管缺損胎兒者。

目的	篩檢染色體數目異常準確率：幾乎100%
程序	1. 檢查前先用腹部超音波確定胎兒位置 2. 以22號腰椎穿刺針頭從孕婦腹部插入子宮腔，抽取 20 c.c.的羊水做染色體檢查 3. 做完後羊膜穿刺後要再度聽胎心音、評估胎動及測量母親生命徵象
注意事項	1. 約14天後得知結果 2. 失敗機率：大約 0.5% 3. 流產機率:懷孕15週後約 0.2～0.5 %

• 施行羊膜穿刺的準備用物

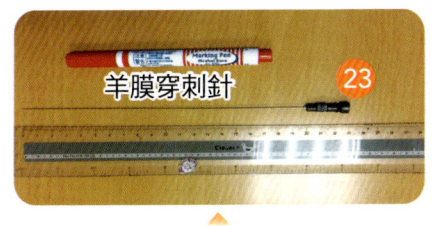

酒精性優碘

羊膜穿刺針

羊膜穿刺針（長度約23公分）

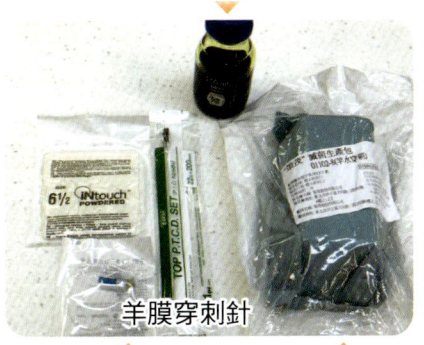

羊膜穿刺針

無菌健診手套　　羊膜穿刺包

小叮嚀 做完羊膜穿刺檢查後，需要在醫院休息至少30分鐘後，沒有身體不適才可離院回家，通常院方會開立藥物（抗生素、安胎藥、軟便劑）讓孕婦帶回家服用

• 孕婦抽完羊水後居家須知

➥ 24小時至三天之內，請勿提重物、抱小孩、拖地或任何劇烈活動，24小時內除非必要，務必臥床休息。

➥ 如果下腹有輕微酸痛或陰道點狀出血，勿按摩肚子，以免促進子宮收縮，請先臥床休息，半小時後若未改善，請立即到院就診。

➥ 羊水報告約 10～14 天出來，會以電話方式告知結果。

Part 1 妊娠懷孕期間的主要檢查（產前檢查）

16. 胎兒詳細超音波（懷孕 20-24 週實行，屬自費項目）：

在妊娠懷孕 20～24 週間施行的胎兒詳細超音波又稱為高層次超音波檢查，簡稱為 Level Two Ultrasound；是一種非侵襲性的檢查，醫生會對胎兒的所有外部器官及內在器官做一系列性的檢查，希望藉由更充裕的檢查時間，讓醫師篩檢出小Baby的器官缺陷，及早提供正確的醫療衛教知識給新手爸媽做胎兒後續醫療處置的正確判斷！

Dr.Chen 門診問答　常見 Q&A

Q1／A1 產檢時的尿液檢查項目中的尿糖篩檢是在篩檢孕婦是否有糖尿病；尿蛋白則是在篩檢孕婦是否有腎臟疾病或子癇前症等，該如何用試紙判讀尿糖、尿蛋白的結果？

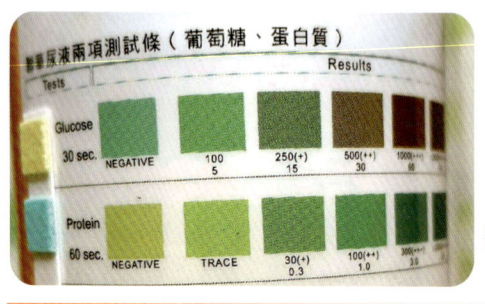

註：mg = milli-gram = 毫克
dl = deci-liter = 100 c.c.

	尿糖判讀	尿蛋白判讀
+	250 mg/dl	30 mg/dl
++	500 mg/dl	100 mg/dl
+++	1,000 mg/dl	300 mg/dl
++++	2,000 mg/dl	>1,000 mg/dl

一、每次產檢都要檢查的項目

Q2 如何判讀妊娠高血壓？

妊娠期血壓正常範圍	140/90 mmHg 以下
妊娠高血壓（PIH） Pregnancy Induced Hypertension	妊娠20週後 收縮壓 ≧ 140 mmHg 或者 舒張壓 ≧ 90 mmHg 且無蛋白尿
子癲前症 Preeclampsia	妊娠20週後 收縮壓 ≧ 140 mmHg 或者 舒張壓 ≧ 90 mmHg 加上有蛋白尿
子癲症 Eclampsia	子癲前症加上全身性痙攣

Q3 何謂HELLP症候群？

- 為更加嚴重的重度子癲前症
- H（Hemolysis）：脂溶性膽紅素 > 1.2 mg/dl
- EL（Elevated Liver Enzymes）：
  肝功能 GOT ≧ 72 IU/L 、LDH > 600 IU/L

  註：L = liter = 公升（IU國際單位 International Unit）
- LP（Low Platelets）：血小板降低 < 十萬

Q4 重度子癲前症或是更厲害的HELLP症一經診斷確實後隨時皆可能發生哪些嚴重症狀：

- 中風腦溢血
- 肝臟血腫破裂而休克致死
- 視網膜剝離導致失明
- 急性腎衰竭導致肺水腫
- 全身血小板耗盡引發全身彌漫性出血
- 胎盤剝離引發產前大出血
- 全身性大發作抽搐造成胎兒缺氧而胎死腹中

Part 1 妊娠懷孕期間的主要檢查（產前檢查）

Q5 / A5 子癇前症的發生原因？

發生的原因來自於胎盤。胚胎著床後，母體會產生胎盤生長因子（PIGF）；胎盤生長因子會使子宮動脈擴張，以供給胎兒生長過程所需的大量血液；但子癇前症患者的胎盤生長因子濃度較低，因此子宮動脈血管擴張不佳，進而產生孕婦高血壓合併蛋白尿或全身性水腫，造成子癇前症。

Q6 / A6 懷孕期間有施打德國麻疹疫苗怎麼辦？

雖然目前沒有案例顯示懷孕期間施打德國麻疹疫苗會導致先天性畸形兒，但是台灣衛生機關還是建議孕婦施打德國麻疹疫苗至少一個月後才可以懷孕。

Q7 / A7 妊娠糖尿病對懷孕的影響

- 對母親方面：酮酸中毒、羊水過多、會難產、易感染及會有早期破水的疑慮。
- 對胎兒方面：巨嬰症（出生大於4公斤），且造成「胎兒死產」的機率增加3～6倍。
- 對新生兒方面：會出現低血糖、低血鈣、呼吸窘迫症候群、體重過重、黃疸等現象。

Q8 / A8 何謂BMI？

BMI計算方式：
體重（公斤）/ 身高（公尺）平方 ＝ kg / m²；公斤除以米平方

- 過重：大於等於24，小於27
- 輕度肥胖：大於等於27，小於30
- 中度肥胖：大於等於30，小於35
- 重度肥胖：大於等於35

Q9 / A9 懷孕期體重增加的建議

20週前增加 2~3 公斤 即可，20週之後 每週增加 0.5 公斤，整個孕期（從懷孕到預產期），孕婦標準體重增加 12~13 公斤 最正常。

Q10
RH陰性的初產婦產後該注意哪些事項

A10 Rh (-) 母親若先生是Rh (+)，第一胎的寶寶正常沒事，但第二胎的寶寶會因為發生了「胎兒溶血」現象而造成「新生兒黃疸」。

因為 Rh (-) 母親第一次懷有Rh (+) 之胎兒時，因為胎兒血液中的RhD抗原會因為母親懷孕生產、自發性流產、曾經做過人工流產手術、曾經做過羊膜穿刺術或母親被輸血，而進入母體血液中引發免疫反應後讓母體產生RhD抗體。

所以 Rh (-) 母親第二次懷孕時 母親血液中這些RhD抗體會進入胎兒血液中去攻擊破壞胎兒紅血球的結果，會造成胎兒溶血現象而引起新生兒黃疸。

因此 Rh (-) 母親在第一胎產後72小時之內建議「肌肉」注射「Rhogham 免疫球蛋白（300 microgram）」來減少下次懷孕時，發生胎兒溶血現象及新生兒黃疸的風險。

Q11
除了羊膜穿刺之外還有其他唐氏症篩檢的方式嗎？

A11

陳祥君醫師建議唐氏症篩檢方式			
檢驗項目	採檢方式	特點	準確度
非侵入性胎兒染色體檢測NIPS	10週以上抽血即可檢測	早期檢測、安全、準確，只需抽母血即可篩檢	準確度99%以上（檢測唐氏症、愛德華氏症、巴陶氏症為主）
羊膜穿刺	16週後抽羊水20cc做檢驗	準確度最高，雙胞胎可個別檢測	幾乎100%準確，但有0.2%~0.5% 流產或感染機率
aCGH 羊水晶片	16週後抽羊水10~15cc做檢驗	可偵測出一千多種染色體微小片段缺失罕見疾病，如小胖威利症候群等	幾乎100%準確，但無法驗出染色體「轉位」問題

Q12
A12 微片段缺失/重複，和單基因致病點位，都會造成遺傳疾病。羊水晶片有分1.0、2.0、3.0，價位由低至高，它們各自可篩檢出哪些染色體及基因上的異常疾病呢？

v1.0	v2.0	v3.0
常見染色體異常疾病	自發性嚴重骨骼發育疾病	全面檢測單基因異常疾病
染色體套數異常＋微片段缺失/重複	單基因致病點位	
	20個骨骼發育點位	1000多個發育點位（含肌肉/神經/智能/重大器官）

資料採自慧智基因醫學實驗室

Part 1 妊娠懷孕期間的主要檢查（產前檢查）

Q12 / A12 何謂後頸部透明帶（Nuchal Translucence；NT）？臨床意義何在？

正常胎兒的頸部透明帶維持在 3.5 mm 以內，若 > 5.5 mm，胎兒80 % 有異常。

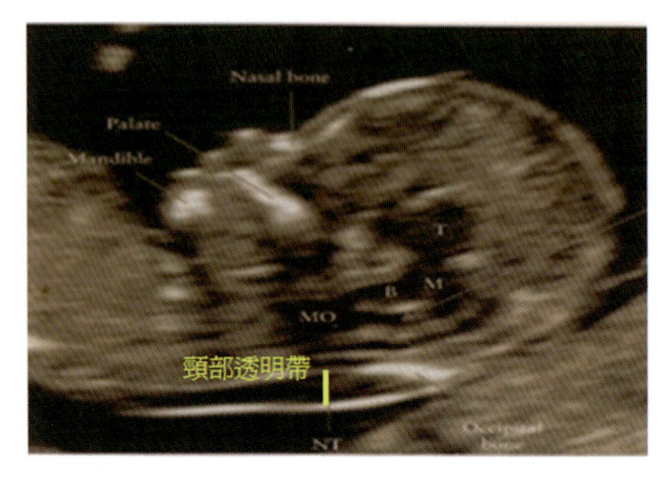

懷孕 11 週又 0 天 ～ 13 週又 6 天

Q13 / A13 何謂陰道篩檢器？

陰道篩檢器又稱為鴨嘴，一般分為拋棄式（塑膠材質；需自費）和可重複消毒使用（不鏽鋼材質；不需自費）兩種（如附圖）

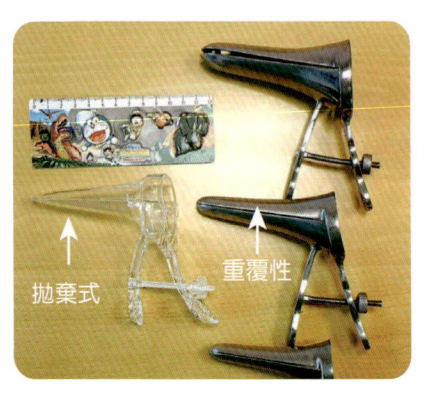

Q14 / A14 如何篩檢乙型鏈球菌

陳祥君醫師做法是利用陰道篩檢器，採取懷孕婦女的子宮頸口及陰道分泌物來檢驗是否有感染乙型鏈球菌，若篩檢結果是陽性的孕婦，會建議在進入產程或破水時接受靜脈注射型抗生素來預防寶寶被感染。

二、胎兒詳細超音波的介紹

　　在妊娠懷孕20～24週間施行的胎兒詳細超音波又稱為高層次超音波檢查，簡稱為Level Two Ultrasound；它的目的是在詳細檢視寶寶所有的「外部」構造及「內部」器官，希望藉由更充裕的檢查時間，讓醫師篩檢出寶寶的器官缺陷，及早提供正確的醫療衛教知識給新手爸媽，做胎兒後續醫療處置的正確判斷！

　　整個操作過程（約40分鐘）會燒錄在一片DVD光碟中給爸爸媽媽攜回保存。接下來，向大家簡單介紹我自己詳細超音波的內容及步驟：

1. 我的習慣是先由「外」而「內」看胎兒的外部器官（含4D立體超音波檢查影像）
胎位→子宮頸長度→單側子宮動脈血流阻力值（PI值）→脊椎骨→性別→小腿骨→腳掌（趾）→橫膈膜→前臂骨→手掌（指）→顏面→鼻骨長度→胼胝體→嘴唇→硬腭及軟腭→耳朵
2. 外部器官看完後，我會從頭到腳看胎兒內部器官；就像鳳梨罐頭一樣，一片一片由上往下做橫切掃描來檢視胎兒的：
(1) 頭（脈絡叢→側腦室→透明中膈腔→小腦→大腦池→後頸厚度）
(2) 胸（心臟→肺）(3) 腹（橫膈膜→胃→肝→腎→腸子）
(4) 骨盆（膀胱→性器官）(5) 臍帶血管數目→有無臍帶繞頸
(6) 胎盤（位置→大小）(7) 四象限羊水量
(8) 基本產檢（聽胎心音＋測量胎兒體重）

　　整個過程，我已經儘量按照「國際婦產科超音波醫學會的臨床指引建議」去施作，但詳細超音波仍有它的極限在，無法篩檢出所有的胎兒器官畸形；像「狄蘭氏症候群」這種罕見疾病的發生率介於1萬分之1至8萬分之1，這麼低的發生率，在超音波的檢查，絕對是看不出來胎兒有異常的。請繼續配合產檢及詳閱本院詳細超音波須知和產檢手冊說明。謝謝準媽咪們的撥冗閱讀。

外部器官： 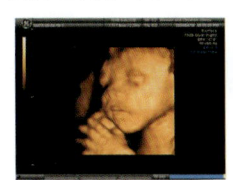
- 祈禱的寶寶嘴唇正常 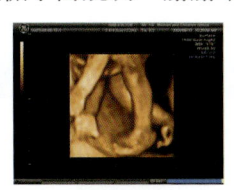
- 雙手掌 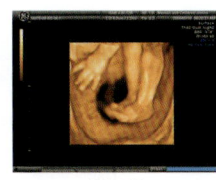
- 雙腳掌 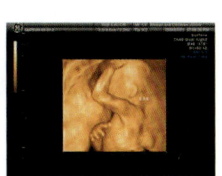
- 左耳

內部器官： 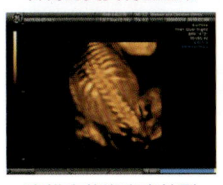
- 脊椎完整沒有脊柱裂 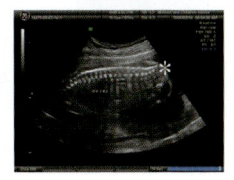
- 脊椎像白色的鐵軌最後尖尖的收尾是尾椎骨* 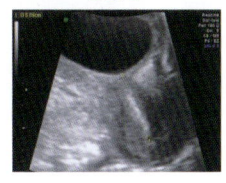
- 正常子宮頸長度>2公分 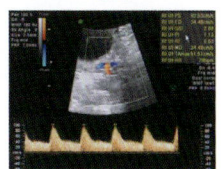
- 正常子宮動脈血流PI值<1.5

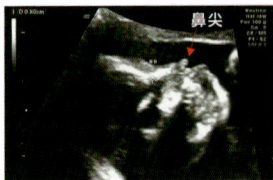

Part 1 妊娠懷孕期間的主要檢查（產前檢查）

正常鼻骨長度0.45公分以上 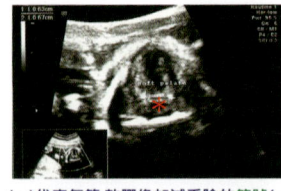　　(＊)代表氣管,軟腭像加減乘除的等號(=) 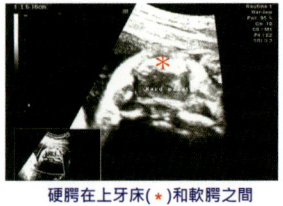　　硬腭在上牙床(＊)和軟腭之間

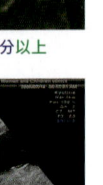

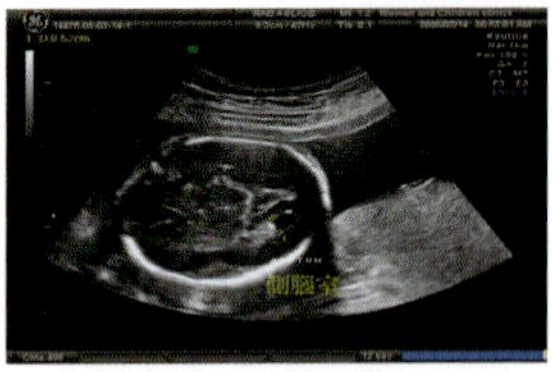

側腦室不可以超過1公分 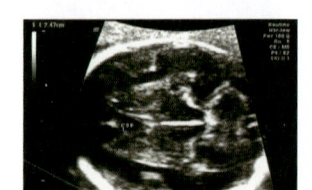　　長方形狀的透明中隔腔寬度介於0.34~0.97公分　　正常透明中隔腔 (CSP) 長:寬>1.9

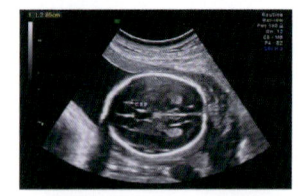

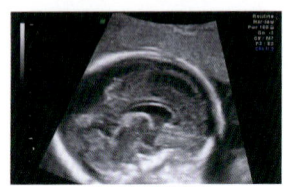

胼胝體像鳥嘴形狀 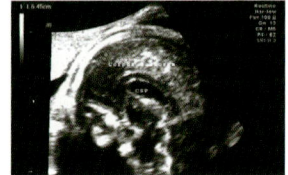　　胼胝體corpus callosum在透明中隔腔csp上方　　小腦像數字8控制運動和平衡感

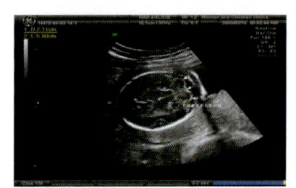

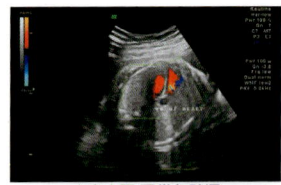

心室中膈 正常無破洞 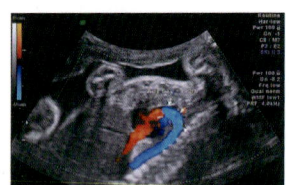　　動脈弓 像聖誕老公公的拐杖頭 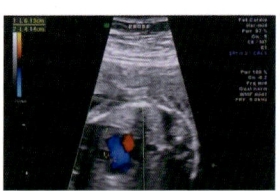　　左右心室的血流方向互相交叉

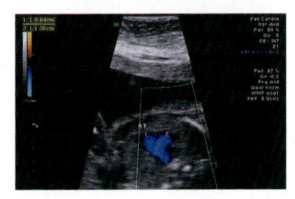

V-sign 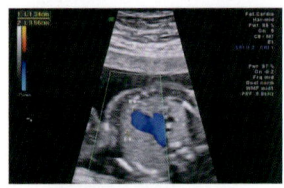　　像個V狀字母符號(V sign)代表主動脈弓和肺動脈弓有會合　　腎臟 似貓頭鷹眼睛

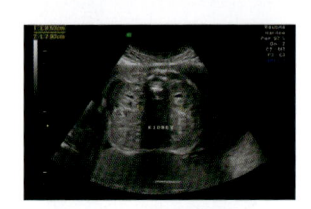

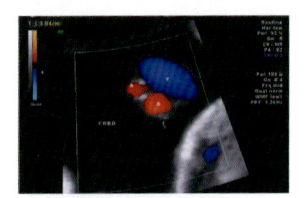

臍帶cord由1條臍靜脈和2條臍動脈合體組成　　臍帶繞頸 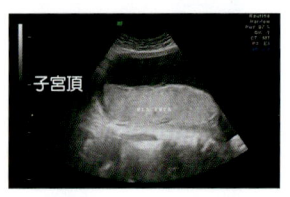　　胎盤靠近子宮頂端沒有前置胎盤

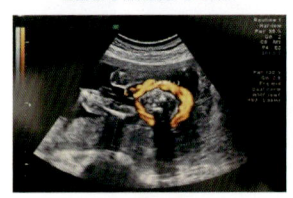

二、胎兒詳細超音波的介紹

Dr.Chen 門診問答 常見 Q&A

Q1/A1 施行詳細超音波檢查的週數為何？
20週到24週，屬自費項目，健保不給付，操作過程約40分鐘左右。

Q2/A2 胎兒詳細超音波準確率為何？
90%

Q3/A3 縱使詳細超音波檢查正常，胎兒異常機率仍有多少？
不到千分之一（即小於千分之一）

Q4/A4 詳細超音波操作過程約40分鐘對胎兒是否有影響？
超音波又叫做『可以看得見的聲音』，就像旁人正在說話一樣，對胎兒不會有任何影響。

Q5/A5 臨床經驗上詳細超音波若再配合何種檢查，可減少胎兒異常機率？
詳細超音波+羊膜穿刺+羊水晶片（aCGH），若檢查結果都正常，胎兒有異常機率相對最低。

Q6/A6 普通產檢時如果只量一個象限的羊水深度，正常範圍值是多少？
2~8 公分都算正常；若大於 8 公分，則代表羊水過多。
小叮嚀：如果是量四象限的羊水深度總和值，正常範圍值為 5~24 公分

Q7/A7 臍帶最早在胚胎幾週大時可以和母體子宮壁接軌呢？
胚胎8週大，此時胎盤已經形成，並開始有了供給養分及代謝廢物的功能。

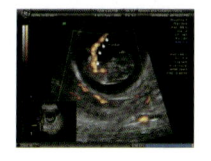

Q8/A8 超音波檢查報告正常就不需要繼續產檢了嗎？
錯誤，雖然超音波檢查報告正常，但胎兒異常機率仍有千分之一的機會，有部分異常會在28~32週才會表現出來，例如軟骨發育不全（侏儒症），所以一定要繼續配合產檢喔！

三、認識3D、4D立體超音波

何謂3D、4D立體超音波

　　胎兒立體超音波因為能清楚看到胎兒外部器官及臉部輪廓，讓為人父母者在胎兒時期就開始認識自己的心肝寶貝，及早觸動人間真性情的結果，可以讓親子親密關係的建立更加穩固！更加精粹持久！

　　3D 立體超音波就如同在欣賞一張張靜態照片，而 4D 立體超音波就像我們在觀賞模特兒（胎兒）在走秀一樣，屬動態寫真。

・**在產檢的優勢方面，立體超音波可以：**
- 在懷孕初期判定胎數（單胞胎、雙胞胎、多胞胎）
- 更清楚看到胎兒的手、腳關節組合及手指頭、腳趾頭的數目
- 判定胎兒肚皮是否完整，排除腹壁裂畸形兒
- 看見胎兒脊椎骨是否完整，排除脊柱裂畸形兒
- 看胎兒臉部輪廓，排除兔唇兒
- 看耳朵完整性，排除無耳症兒。

　　至於胎兒內部器官的構造完整性則須借重詳細超音波中的 2D 影像來評估是否有先天性構造異常。也就是說 3D、4D 立體超音波強調的重點還是在於胎兒外部構造及欣賞胎兒層面上，在目前的產檢中，若能將黑白 2D 平面影像加上彩色立體超音波動態寫真一起呈現給父母，我想會有更完美的醫療服務品質。

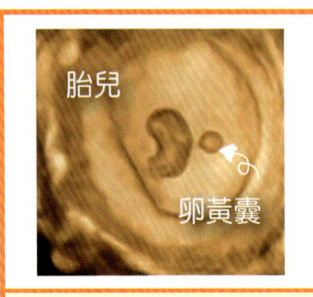 單胞胎（8週大）（旁邊為卵黃囊）	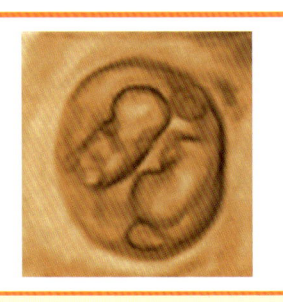 同卵雙胞胎	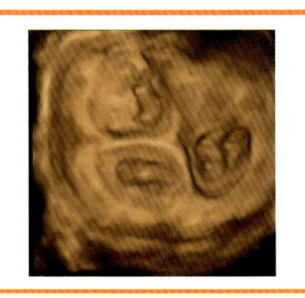 四胞胎（其中一對是同卵雙胞胎）

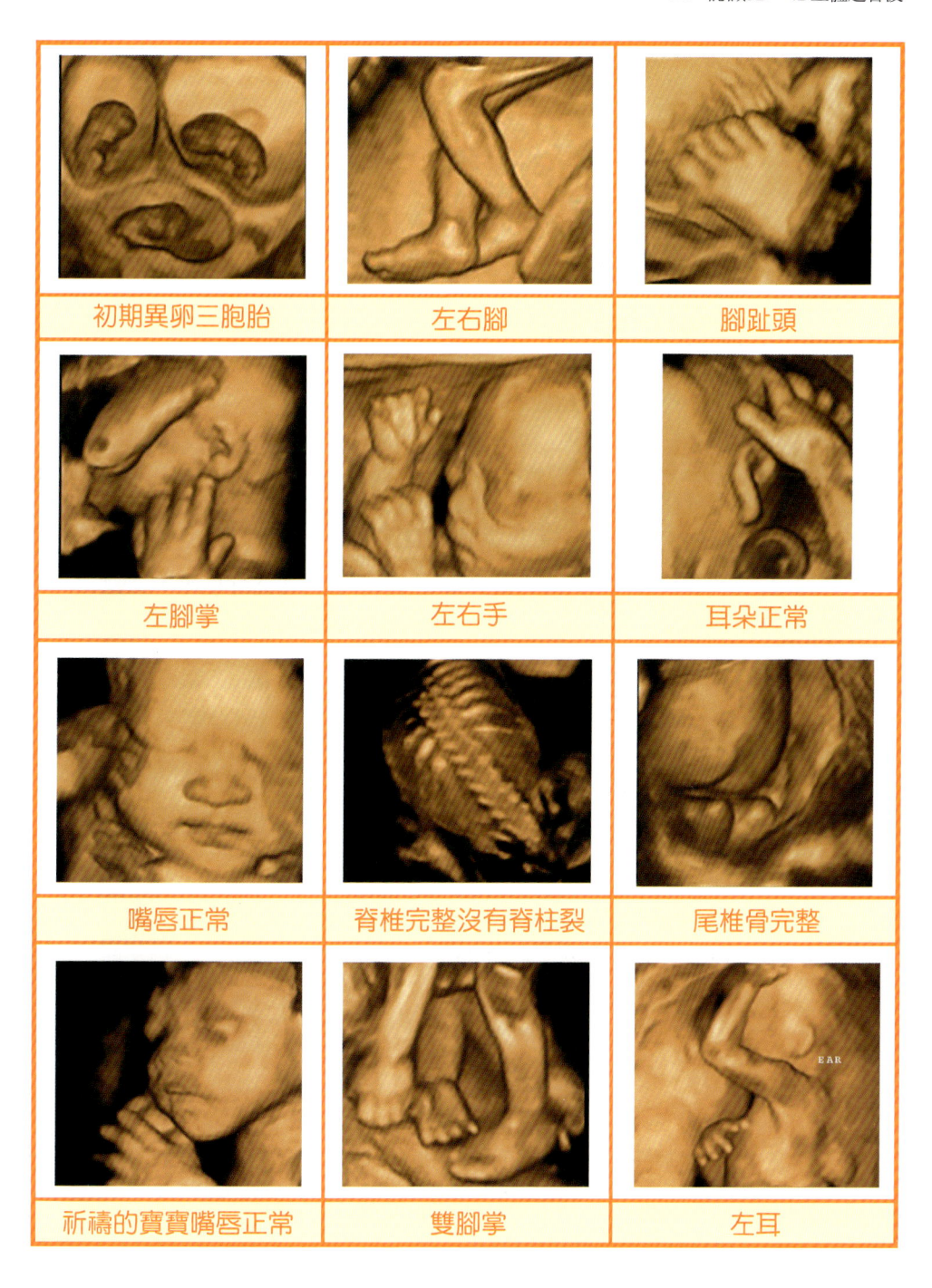

三、認識3D、4D立體超音波

初期異卵三胞胎	左右腳	腳趾頭
左腳掌	左右手	耳朵正常
嘴唇正常	脊椎完整沒有脊柱裂	尾椎骨完整
祈禱的寶寶嘴唇正常	雙腳掌	左耳

Part 1 妊娠懷孕期間的主要檢查（產前檢查）

Dr.Chen 門診問答　常見 Q&A

Q1 / A1　何謂卵黃囊（Yolk sac）？

卵黃囊就是寶寶從媽媽身上帶過來的便當，便當吃完後胎盤才會形成（大概在懷孕8週左右），所以懷孕初期8週之前寶寶的營養都是由卵黃囊來供給，不是從胎盤，因此8週前嚴重孕吐的媽媽不必擔心自己無法提供足夠營養給寶寶。

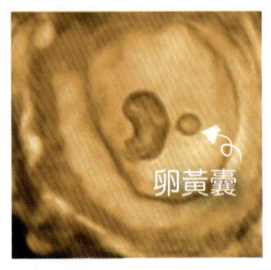

卵黃囊

Q2 / A2　雙胞胎發生機率為何？

1/80

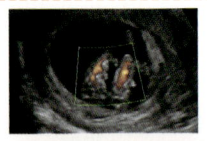

Q3 / A3　三胞胎發生機率是多少？

1/6,400（1/80 × 1/80）

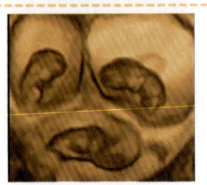

Q4 / A4　兔唇會不會發生在胎兒的「下」嘴唇？

不會，兔唇只會發生在「上」嘴唇不會發生在下嘴唇，若超音波檢查結果，上嘴唇完整無破洞，就表示寶寶沒有兔唇。

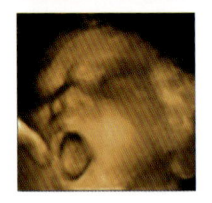

Q5 / A5　何謂3D 立體超音波？

3D 立體超音波就如同在欣賞一張張靜態照片。

Q6 / A6　何謂 4D 立體超音波？

4D 立體超音波就像我們在觀賞模特兒（胎兒）在走秀一樣，屬動態寫真。

三、認識3D、4D立體超音波

Q7
A7 3D、4D 彩色立體超音波和黑白 2D 平面超音波有什麼差別？
黑白2D平面超音波主要是在評估胎兒「內部器官」的構造完整性，3D、4D立體超音波強調的重點是在於胎兒外部構造及欣賞胎兒層面上。

Q8
A8 胎兒在母體裡會不會有七情六慾呢？
會喔，寶寶在媽媽肚子裡面除了會自由翻滾外，還有七情六慾唷！

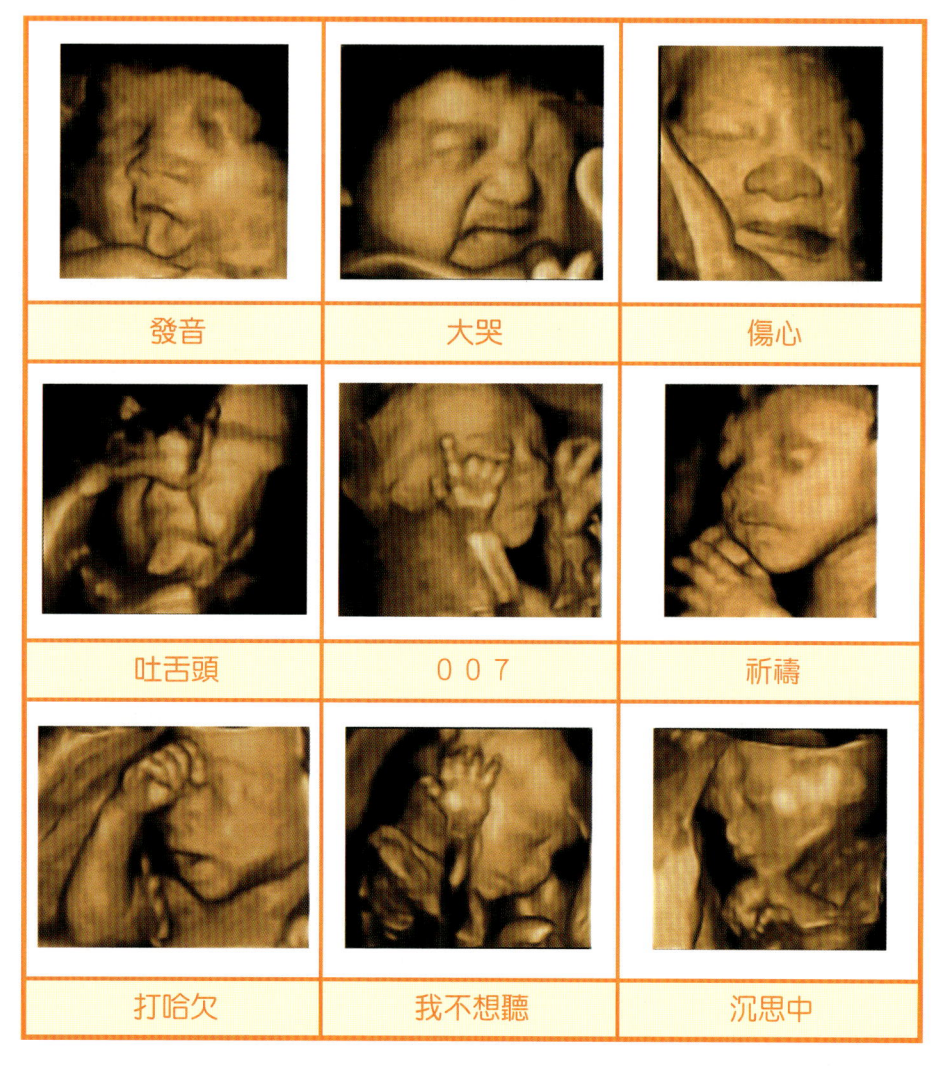

發音	大哭	傷心
吐舌頭	００７	祈禱
打哈欠	我不想聽	沉思中

37

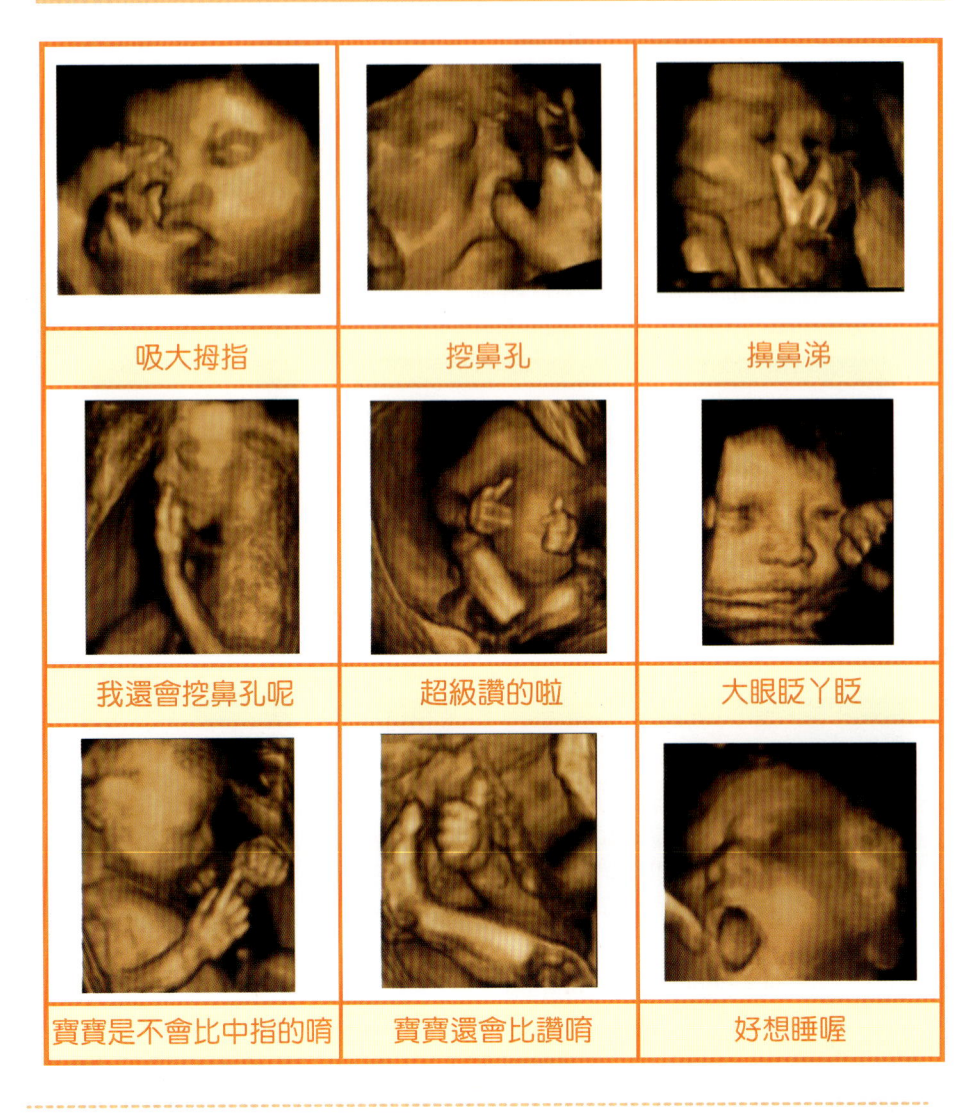

Part 1 妊娠懷孕期間的主要檢查（產前檢查）

吸大拇指	挖鼻孔	擤鼻涕
我還會挖鼻孔呢	超級讚的啦	大眼眨ㄚ眨
寶寶是不會比中指的唷	寶寶還會比讚唷	好想睡喔

Q9 寶寶會眨眼嗎？

A9 會喔，寶寶眼睛發育尚未成熟且很敏感，所以寶寶睜開眼睛時會被羊水刺激，就像我們沒有戴蛙鏡在水中游泳一樣，眼球受刺激後就會立即閉眼。

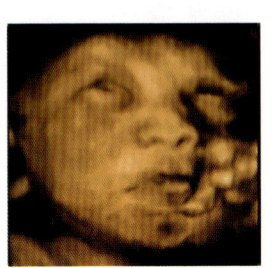

三、認識3D、4D立體超音波

Q10/A10 何謂胼胝體（corpus callosum）？

連接左腦和右腦的最大神經束，在超音波下，看起來像「鳥嘴」構造。

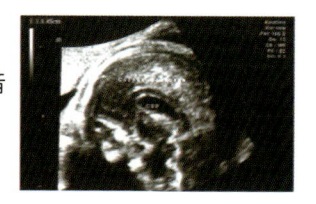

Q11/A11 硬腭和軟腭的超音波影像，如何判讀？

口腔天花板靠近上門牙牙床的是「硬腭」。氣管前方像加減乘除「等號」的中間區域是「軟腭」

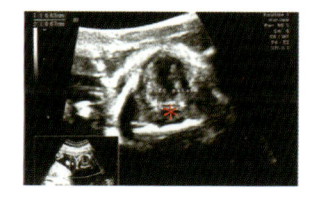

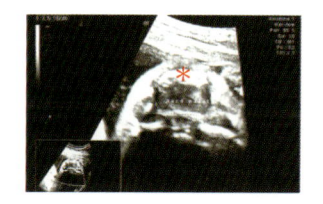

Q12/A12 何謂 V sign？

在胎兒時期，「右」心室的血在心臟內部會交叉到左邊去接「主肺動脈」，主肺動脈再分支出去三條血管（左肺動脈＋右肺動脈＋動脈導管），中間的「動脈導管」，在胎兒時期會注入「主動脈弓」；也就是，在胎兒時期，充氧血和缺氧血是混合在一起的，要等到胎兒出生大哭呼吸之後，這條動脈導管才會漸漸關閉。自此之後，充氧血和缺氧血才會完全隔開，井水不犯河水。

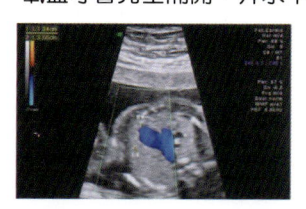

Q13/A13 何謂主動脈弓（aortic arch）？

「左」心室的血會在胎兒心臟內部交叉到右邊去接「主動脈」→主動脈再連接一條U型反轉的動脈（就像聖誕老公公的柺杖頭），就是主動脈弓→主動脈弓會往下再連接腹主動脈，而腹主動脈會貼著胎兒脊椎繼續下走。

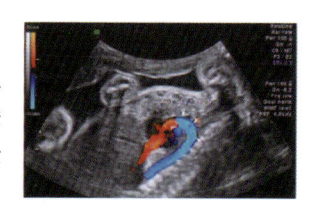

39

四、認識脈絡叢囊腫
Choroid Plexus Cyst, CPC

(一) 形成原因：

主要是因為胎兒腦部脈絡叢的神經表皮皺摺形成的一個囊腫（cyst），通常是單側（少數雙側），而且大小通常 < 1公分，如果沒有阻塞腦脊髓液（CSF）之流動，通常沒有症狀（大的脈絡叢囊腫若阻塞腦脊髓液流通，則會造成胎兒腦部水腫，形成胎兒水腦症）。

(二) 代表意義：

雖然染色體異常的胎兒（染色體第 18 對有異常最具代表性）常會出現脈絡叢囊腫，但正常的胎兒也可能會有脈絡叢囊腫，通常在妊娠 16 週到 21 週被發現，不管胎兒染色體是否異常，脈絡叢囊腫大部分在 22～26 週會消失，28週後很少看見。

發現脈絡叢囊腫的胎兒中，至少 3% 的胎兒的確有染色體異常，建議進一步接受羊膜穿刺檢查或非侵入性胎兒染色體檢測，以確保胎兒無染色體異常之虞。

(三) 後續處理：

只要後續超音波追蹤脈絡叢囊腫有消失以及胎兒染色體檢查正常，那麼之後就按時產檢即可，且胎兒成長後智力也不受影響；但如果胎兒染色體報告異常，基於優生保健考慮，就會建議父母在懷孕 24週前進行胎兒引產。

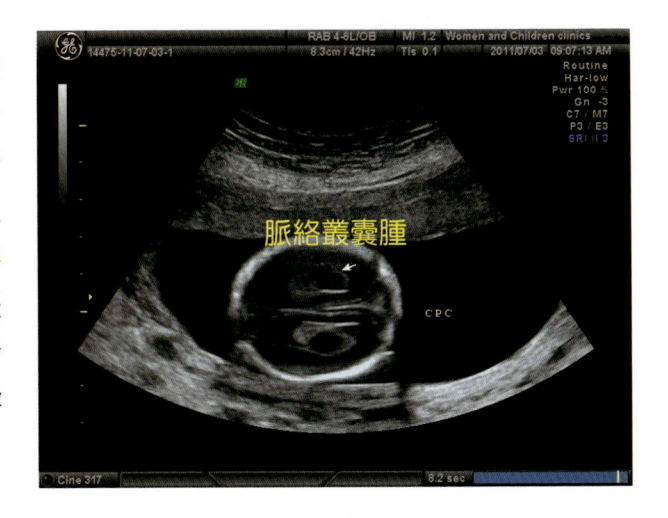

四、認識脈絡叢囊腫 Choroid Plexus Cyst, CPC

Dr.Chen 門診問答 常見 Q&A

Q1 / A1
一百個經超音波檢查後發現有脈絡叢囊腫的胎兒，再去做過羊膜穿刺之後，確診有染色體異常的胎兒大概有幾位？
3位

Q2 / A2
有脈絡叢囊腫的胎兒經確診後有染色體異常，大部分是第幾對染色體有異常？
第18對

Q3 / A3
有脈絡叢囊腫的胎兒不管染色體是否正常，這些囊腫大多會在幾週前消失不見？
28週前

Q4 / A4
有脈絡叢囊腫的胎兒，出生後的智力是否會有影響？
雖然有脈絡叢囊腫但染色體正常者，智力不受影響。

Q5 / A5
有脈絡叢囊腫的胎兒確診有染色體異常者，建議在幾週前引產？
24週前

Q6 / A6
脈絡叢囊腫大部分是單邊還是雙邊？
單邊

Part 2
懷孕期間的自我照顧及注意事項

一、產檢門診常見問題Q&A

(一) 孕媽安心三招

1. 樂觀的面對孕期不適症狀

- 孕吐：一般要到懷孕大約 12 週以後才會獲得改善，飲食的大原則就是少量多餐，吃自己想吃的東西來改善孕吐症狀。
- 下腹部疼痛：多半只要稍作休息 1~2 小時後就可以獲得改善，但若伴隨著陰道出血或持續下腹部劇痛情形，應立即就醫。
- 疲倦和嗜睡：這是正常的，建議多休息，保持心情愉悅。

2. 按時定期產檢

- 懷孕初期～28 週：每四週產檢一次
- 懷孕 28 週～36 週：每兩週產檢一次
- 懷孕 36 週以後到預產期：每一週產檢一次
- 過了預產期：每三天回診一次

3. 用藥要小心

身體上若有不適情況，切勿自行到藥房購買成藥服用。藥物分級：A、B、C 級孕婦可安心服用；D、X 級屬懷孕禁忌用藥。

(二) 在門診中常見的問題

1. 懷孕可以繼續養寵物嗎？

飼養寵物雖然不一定會造成直接的傷害，但還是儘量避免接觸寵物（尤其貓）的糞便，以免被弓漿蟲感染，進而引發胎兒腦部鈣化病變。

2. 懷孕時可以燙頭髮和染頭髮嗎？

燙染頭髮時所使用的化學藥劑，會有少部分被人體吸收，雖然目前沒有文獻案例證明燙染頭髮所使用的化學藥劑會增加胎兒先天性畸形的報告發表，但在安全的考量下，還是建議懷孕中的孕媽咪「不要」燙染頭髮。

3. 懷孕可以吃辣嗎？

少量的辣椒對孕婦及寶寶沒有危害。不過辣椒中含有麻木神經的物質，會對孕婦甚至寶寶神經造成影響；所以媽咪在食用辣椒時，一定要注意不可吃到讓口腔發麻，適量食用即可。

4. 懷孕可以喝茶和咖啡嗎？

咖啡因會造成母體臍動脈阻力增加，這意味著動脈的血流量可能減少，胎兒的養分和氧氣供應可能就會受到影響；這項發現可以解釋為何咖啡因可能造成胎兒體重過輕，一天不要超過200毫克（mg）的咖啡因目前被認為對胎兒沒有影響。

- 建議孕婦要養成看標示的習慣，一般包裝飲料會以 ppm 來標示咖啡因含量，計算公式如下：

ppm ＝ 毫克 / 公升 ＝ 0.000,001 克 / CC ＝ 微克 / CC

1毫克 ＝ 千分之一克 ＝ 1/1,000 克

1微克 ＝ 百萬分之一克 ＝ 1/1,000,000 克

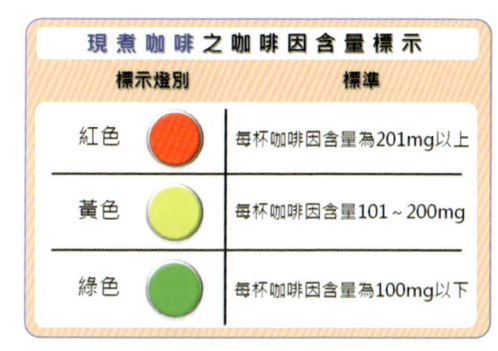

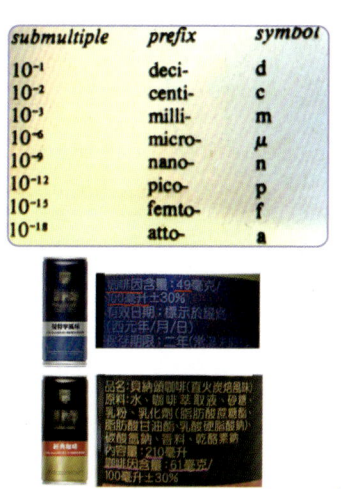

現煮咖啡之咖啡因含量標示	
標示燈別	標準
紅色	每杯咖啡因含量為201mg以上
黃色	每杯咖啡因含量101～200mg
綠色	每杯咖啡因含量100mg以下

submultiple	prefix	symbol
10⁻¹	deci-	d
10⁻²	centi-	c
10⁻³	milli-	m
10⁻⁶	micro-	μ
10⁻⁹	nano-	n
10⁻¹²	pico-	p
10⁻¹⁵	femto-	f
10⁻¹⁸	atto-	a

5. 孕婦可以運動嗎？

若是在懷孕之前就有運動習慣的媽咪，還是可以延續以前常從事的運動，不需要因為懷孕而中止，因為羊水具有很好的避震作用，因此孕媽咪可以安心從事適合的活動，但不建議從事有雙腳離地的跳躍式運動（例如：跳繩、快跑、打拳擊、有氧舞蹈……等）。

小叮嚀 「游泳」和「散步」為孕婦最適宜的運動。

6. 懷孕可以出國旅遊嗎？

如果孕媽咪沒有特殊的狀況，一般來說14週以「後」是「可以」出國旅遊的，但八個月（32週）之後，某些航空公司是不讓孕婦搭機的，所以最好事前先詢問清楚。

7. 孕婦可以有性生活嗎？

原則上，前 3 個月及後 2 個月不宜從事性生活。如果真的有性生活不建議體內射精，因精液中的前列腺素會造成子宮收縮引發早產或流產。

8. 孕婦可以吃麻油嗎？

一點點麻油當做料理調味是不至於引發子宮早期收縮而流產。

9. 孕婦可以洗三溫暖嗎？

攝氏 39℃ 熱水泡上 15 分鐘，不至於造成胎兒神經管缺損。泡湯雖能讓身心舒壓，但孕期初期 12 週前泡湯，若水溫過高對胎兒腦神經系統發育有害，因此孕媽咪泡湯一定要遵守以下 5 點規則，才能真正享有泡湯的樂趣。

- 原則 1 ：避開懷孕初期（12週前儘量勿泡湯）
- 原則 2 ：水溫 39℃ 以下，15分鐘內
- 原則 3 ：水質佳、用淋浴方式、泡雙腿
- 原則 4 ：不單獨泡湯，應有人陪同
- 原則 5 ：妊娠高血壓孕婦，不宜泡湯

(三) 適合孕婦做的產前運動（避免從事「雙腳同時離地」的跳躍運動）

- 游泳：在水中走路可減輕骨盆壓迫不適。
- 走路：可常到公園或校園、百貨公司或賣場散步，最好挑選舒適的鞋子（如：氣墊鞋、慢跑鞋）。
- 爬樓梯：每一次以三層樓內為宜；注意安全和速度，上樓梯比下樓梯效果好，尤其適合懷孕後期的孕婦，這有助於自然生產。（若有早產或特殊情況的孕媽咪則不建議）

一、產檢門診常見問題Q&A

- 伸展體操

  建議在運動時要注意以下幾點

  ➡ 每一次運動時間不超過 15 分鐘為宜

  ➡ 要適度的補充水分，以避免體溫過高的情況

  ➡ 避免跳躍和震盪性運動，以及避免含有改變方向性運動
  （如：有氧體操、打拳擊、跳繩、快跑）

  ## Dr.Chen 門診問答　常見 Q&A

  Q1 / A1　孕期吃低劑量的阿斯匹靈（Bokey）來預防妊娠高血壓（PIH）及子宮內胎兒生長遲滯（IUGR）是安全的嗎？

  孕婦每日服用低劑量阿斯匹靈的劑量是一般成人每日劑量的「1/10～1/20」左右，如此低的劑量對孕婦身體的健康當然是安全的！

  Q2 / A2　懷孕要如何補充營養品最經濟實惠呢？

  我建議在懷孕「12週前」孕婦可以吃「高劑量的葉酸」（5mg/顆）搭配「低劑量阿斯匹靈」（100mg/顆）就足夠了！過了妊娠12週，我建議孕婦只要吃「新寶納多」這種孕婦「醫療級」用的綜合維他命，再搭配魚油DHA就足夠營養了！多吃魚及每日曬足20分鐘的太陽可以預防孕婦的骨質疏鬆！

  Q3 / A3　「動物」性魚油吃到幾週要停止呢？

  34週後要停止服用含有「EPA」成分的動物性魚油，因「EPA」會「抑制」孕婦的凝血功能。

47

二、遠離容易導致畸胎的物質

妊娠週數第 4 週~10 週（31 天~71 天）是胎兒器官「最重要」且最敏感的發育時期，此時期孕婦應該要避免接觸或服用到會導致畸胎的物質，茲分述如下：

(一) 香菸（是懷孕婦女初期前三個月的絕對禁忌）

香菸中所含的眾多有害物質中，包含：

1. 尼古丁 Nicotine（一種會上癮的物質，會容易讓血管收縮）

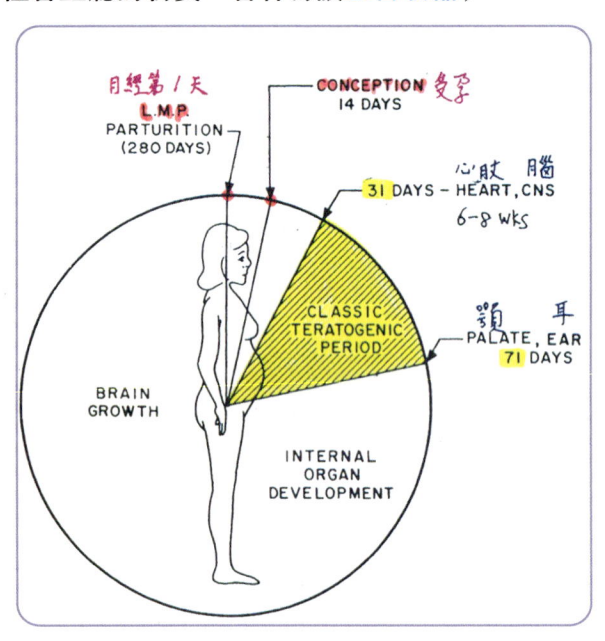

許多研究顯示，吸菸婦女所生出的嬰兒較非吸菸婦女所生下的嬰兒，早產機率較高、胎兒的肢體缺損危險性提高、平均體重較輕。母親吸入的尼古丁，會進入母體血液循環中，使得血管在輸送養分給子宮時變窄，造成子宮內胎兒生長遲緩。

在懷孕期間，不管是孕婦自己吸菸或孕婦吸二手菸，都會將香菸中的致癌物藉由臍帶中的血液「直接毒害」胎兒，因為胎兒會接收母體血液中將近 50% 的致癌物。

（★抽菸的孕婦若先生也抽菸則新生兒猝死的比率會增高一倍）

(二) 一氧化碳 CO（一個盜取氧氣的強盜）

吸菸的孕婦血液中一氧化碳的濃度，比沒有吸菸的孕婦高出六、七倍，一氧化碳會讓血液中的紅血球細胞無法攜帶足夠的氧氣，香菸中一氧化碳的濃度，相當於汽車排放出的廢氣；抽菸會讓胎兒缺氧窒息，使胎兒的器官發育生長受到阻礙、孕婦流產機率會上升、胎盤容易鈣化而早期剝離；胎兒出生體重至少比沒有抽菸孕婦的胎兒少 200 公克。

再次提醒懷孕的媽媽，吸菸會：危害胎兒 + 造成流產 + 產生妊娠併發症 + 易生出早產兒 + 嬰兒猝死症會上升

(三) 酒精（是懷孕婦女初期前三個月的絕對禁忌）

孕婦所飲用的酒精會以「相同」的濃度進入胎兒體內。在懷孕「前」三個月飲用酒精，對胎兒造成的傷害是最大的。懷孕期間飲用酒精，常引起併發症，如流產、出生時嬰兒體重過輕以及早產兒。和吸菸一樣，飲酒對胎兒腦部發育的傷害最為嚴重。

酒精可以 100% 通過胎盤直接傷害胎兒，其中包括智能不足（平均智商63分）、發育遲緩、顱顏異常、先天性心臟病、四肢脊椎缺損、出生時體重很少超過 2200 公克，而且出生以後的生長發育也較緩慢。到目前為止全球官方單位都尚未建立出孕婦服用酒精的安全劑量的標準值，因此『酒精』在 FDA 的藥品分級中被歸屬於和鴉片、古柯鹼、海洛因、安非他命……等毒品同級的『X』級，因此孕婦在懷孕期間禁止喝酒及禁止服食含酒精之補品和食物。

- **胎兒酒精症候群**

胎兒酒精症候群的小孩，是由於母親在懷孕過程當中（尤其前面10週這段時期）飲酒所引起的一群胎兒不正常發育的現象，包括：胎兒出生「前」及出生「後」的成長遲緩、明顯的身體外觀缺陷及心智發展延遲造成的特殊行為異常……等。

胎兒酒精症候群的臨床表現	
先天性異常	腦缺損、心臟缺損、脊椎缺損
顱顏異常	人中發育不全、扁鼻子、上唇窄薄、下巴短小、眼睛小、短鼻子
發展異常	生長遲緩、心智發展延遲（畏怯過動、注意力低、智商也降低）

(四) 致畸藥品

在美國食品藥品管理局（Food and Drug Administration 簡稱 FDA）的藥品分級中，A、B、C 級對孕婦都是安全的，D、X 級因為會造成胎兒畸形，所以孕婦「禁止」服用。

懷孕用藥禁忌	
鎮靜藥物	沙利竇邁（Thalidomide）及鋰鹽（Lithium）
抗痙攣藥	Phenobarbital、Trimethadione、Valproate、Phenytoin、paramethadione
抗腫瘤藥物	滅殺除癌錠 Methotrexate、氨基蝶呤 aminopterin
抗生素	康欣黴素 Amikacin、健達黴素 Gentamicin、妥布黴素 tobramycin、卡納黴素 kanamycin

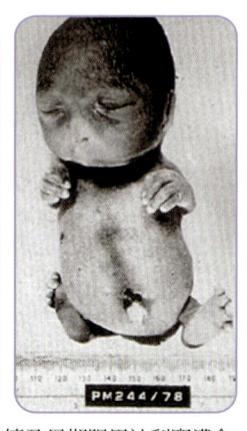

懷孕早期服用沙利竇邁會生出像海豹上肢的畸形兒

(五) 放射線

懷孕初期（三個月內），因胎兒的組織器官正在發育，暴露於 X 光之中，較易有致畸胎、流產或死產的可能，愈接近預產期，影響愈小。孕婦可以容許 50 張胸部 X 光的連續照射以及容許 5 張腹部 X 光（KUB）的「連續照射」而不會造成畸形兒。

目前醫學界認定對胎兒造成影響的 X 光劑量是 5 雷得，所以孕婦暴露在 5 雷得（rad）的輻射劑量之下對胎兒是安全的，所以媽咪們不必太過擔心。

> **長知識**
> 腹部 X 光（KUB）即可以同時看到「腎臟＋輸尿管＋膀胱」的 X 光影像。
> 註：KUB 即 Kidney（腎臟）- Ureter（輸尿管）– Bladder（膀胱）的簡稱

二、遠離容易導致畸胎的物質

Dr.Chen 門診問答　常見 Q&A

Q1 / A1　孕婦可以吃麻油雞或燒酒雞嗎？酒精不是被揮發掉了嗎？

絕對不可以，75% 酒精仍然會殘留在燒酒雞的雞肉中，無法被揮發稀釋掉唷！

點火燃燒食物後，仍會殘留 75% 的酒精在食物裡。

How much alcohol remains in your food with specific cooking methods	
Alcohol Burn-off Chart	
Preparation Method	Percent Retained
alcohol added to boiling liquid & removed from heat	85%
alcohol flamed	75%
no heat, stored overnight	70%
baked, 25 minutes, alcohol not stirred into mixture	45%
Baked/simmered dishes with alcohol stirred into mixture:	
15 minutes cooking time	40%
30 minutes cooking time	35%
1 hour cooking time	25%
1.5 hours cooking time	20%
2 hours cooking time	10%
2.5 hours cooking time	5%

Source：U.S. Department of Agriculture

點火燒

Q2 / A2　懷孕初期若不慎服用到四環黴素，對胎兒會有影響嗎？

四環黴素 (Tetracyclines) 在藥品分級中屬於 D 級，孕婦16週後服用會造成胎兒先天性「骨骼」發育不全、「牙齒牙齦」發育不良，因此對懷孕中後期的孕婦應該要禁止使用；但是四環黴素對於懷孕初期的孕婦反而是安全的，不必要因為服用到四環黴素而終止妊娠。

Q3 / A3　孕婦可以容許幾張胸部 X 光的「連續照射」而不會造成畸形兒？

50張

Q4 / A4　孕婦可以容許幾張腹部 X 光 (KUB)的「連續照射」而不會造成畸形兒？

5張

Q5 / A5　孕婦暴露在多少的輻射劑量之下對胎兒是「安全」的？

5 雷得 (rad)

Q6 / A6　酒精和哪些毒品同樣是被 FDA 歸類為 X 級（懷孕的絕對禁忌）？

「酒精」在 FDA 的藥品分級中被歸屬於和鴉片、古柯鹼、海洛因、安非他命......等毒品同級的『X』級，因此孕婦在懷孕期間禁止喝酒及服食含酒精之補品和食物

三、用藥安全

(一) 藥物安全等級

(1) A.B.C：無法證明對胎兒有危險性，臨床上可使用　A.B.C 孕婦可以使用
(2) D：對胎兒有危險性，須由醫師評估才可使用　D 須由醫師評估後才可使用
(3) X：對胎兒造成異常，禁止使用　X 孕婦「禁止」使用

(二) 藥物安全等級及藥品分級

第一級：屬於「處方藥」，使用時須特別注意「須由」醫師診斷及處方後，由「藥師」調劑給藥，例如：心臟病、高血壓、糖尿病、抗生素……等藥物。

第二級：屬於「指示藥」，使用安全性較處方藥高，「不需要」醫師處方箋，但必須由醫師或藥師指導藥物使用方式後，可在藥局購買，例如胃腸用藥、綜合感冒藥……等，外包裝會標示「醫師藥師藥劑指示藥」字樣及衛部藥製字第000000號、衛部藥輸字第000000號。

第三級：屬於「成藥」，使用安全性較指示藥高，藥理作用緩和「不需要」醫藥專業人員指示，但民眾使用前需仔細閱讀藥品說明書及標示，例如：一般外傷止癢的軟膏……等，外包裝會標示「成藥」字樣及衛部成製字第000000號。

(三) 哺乳期用藥建議（主動告知醫師並詢問藥師使用方式）

1. 標示不可哺乳

最好在服藥期間及停藥後一段時間內暫停哺乳，可事先將乳汁吸出封存於雙層袋中冷凍儲存。

2. 無標示可否哺乳

可於剛哺完乳後或嬰兒睡眠時間較長前服藥，服藥後至少要3小時後才能再開始哺乳。

(四) 常見用藥問題

1. 藥物服用原則

- 一天1次：固定時間吃藥。
- 一天2次：需離上一次用藥時間至少間隔12小時。
- 一天3次：早、中、晚吃藥需離上一次用藥時間至少間隔8小時。
- 一天4次：早、中、晚及睡前服用，需離上一次用藥時間至少間隔6小時。

2. 藥物服用適應症狀

- **症狀治療**：可視症狀服用或停藥，例如：止痛、退燒、消炎、消腫、止咳、鼻塞 流鼻水、過敏、止癢、止吐藥、止瀉、便祕……等。

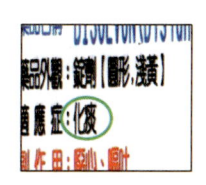

- **抗生素**：有感染或感冒較嚴重時服用，一旦服用則「須」服完整個療程，例如：治療細菌感染、治療黴菌(念珠菌)感染。

- **安胎藥**：

    1. 黃體素Utrogestan：穩定內膜，妊娠12週前使用，抑制脅迫性流產。

    2. Yutopar：抑制子宮收縮；避免早產。

    3. Adalat：快速緩解下腹痙攣、漲痛、腰痠、便意感；產婦1小時內子宮收縮超過6次且臥床平躺休息後沒有改善時服用。含在「舌下」每20分鐘一次，若2小時後服完6顆後沒有改善，子宮仍然持續宮縮，則需就醫檢查。

Utrogestan

Yutopar

Adalat(舌下服用)

3. 陰道塞劑使用方法

身體平躺且兩腿曲起向外張開將塞劑推入陰道口至少一根食指深度〈一根食指深度約7cm〉

注意事項：可以塗少許「凡士林」或沾點「溫開水」做潤滑。陰道塞劑在體內會自行溶解，無須再拿出體外，可用護墊以防污染底褲，有效作用時間至少要「平躺4小時以上」，請勿下床走動，避免塞劑滑出。

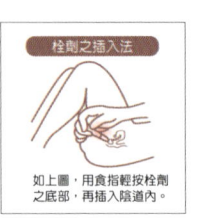

4. 藥品保存

保留完整藥袋或外包裝，避免光、熱、濕，除非有特別指示，否則不適合將藥品放於冰箱冷藏室或冷凍庫。藥罐內附的棉花或乾燥劑，開罐後就應丟棄，避免放於兒童可取得之處，並定期檢查家中藥品使用年限避免過期。

5. 藥品回收處理

- 已經過期的藥水和藥丸要倒入夾鏈袋密封後，隨著一般垃圾丟掉即可。

- 「抗癌藥」、「抗生素」、「荷爾蒙」……等危害生態環境藥物，處理溫度需高達1,200℃以上，建議拿到廢棄藥品檢收站或藥局回收。

6. 多種藥物之服用時間

- 西藥、中藥、營養保健食品不可以併用，至少要間隔 2 小時再服用第二種藥品。

- 多種西藥〈同時在不同診所／醫院有看診〉：詢問最後一位看診醫師後再服用。

> **小叮嚀**
>
> 「空腹」吃藥指的是：
> 1. 吃藥後至少1個小時後才能進食
> 2. 吃第一口飯後至少2個小時後才能吃藥
>
> 「飯前」、「飯後」吃藥指的是：
> 1. 飯「後」：吃第一口食物超過30分鐘後才可以服藥
> 2. 飯「前」：吃完藥後至少間隔30分鐘後才能進食

對孕婦「安全藥物」

藥名	胎兒不良反應
塗抹型 A 酸 (Tretinoin)	不會增加人類畸胎風險
止瀉劑 Loperamide 俗稱：Imodium	沒有明顯畸胎風險
降血壓藥 Labetalol 俗稱：Trandate	為孕期首選高血壓用藥
鈣離子阻斷劑 Nifedipine 俗稱：Adalat	沒有明顯畸胎風險
血管舒張 Hydralazine 俗稱：Apresoline	利用平滑肌鬆弛效果來降血壓，沒有明顯畸胎風險
維生素 B6 (Vitamin B6)	可達到止吐效果，可安全使用
止吐藥 Metoclopramide 俗稱：Primperan	沒有明顯畸胎風險，但小心會有 EPS（錐體外症候群（Extrapyramidal symptoms）這種副作用如：眼球上吊回轉、臉或頸攣縮、肌肉僵硬、手腳顫抖
抗組織胺 Antihistamine 例如：periactin、loratadine (俗稱：clarityne)、minlife-P、Venan (肌肉注射)、Cetirizine (俗稱：Zyrtec)	「不會」增加畸胎風險，可以治療孕婦鼻塞及懷孕引發的身體搔癢症
鎮痛解熱 Acetaminophen 俗稱：普拿疼 panadol	沒有明顯畸胎風險，為懷孕中「首選」疼痛用藥
化痰藥 Acetylcysteine 俗稱：Fluimucil 或 Acetin	沒有明顯畸胎風險，也是「普拿疼」「過量」的解藥

止咳藥 **Dextromethorphan** 俗稱：**Medicon**	根據幾項大型研究，沒有明顯畸胎風險
口服避孕藥	沒有明顯畸胎風險
降低泌乳激素用藥 例如：**Prolactin**	沒有明顯畸胎風險
抗生素 盤尼西林 (**Penicillin**)、 **Clidamycin**、頭芽孢素類 (**Cephalosporin**)、 **Metronidazole** (俗稱：**Flagyl**)	沒有明顯畸胎風險
抗生素 **Aminoglycoside**	**Streptomycin** 和 **Kanamycin** 會造成胎兒先天性「耳聾」
口服及塗抹抗疱疹藥 **Acyclovir**	沒有明顯畸胎風險
類固醇 **Steroid**	孕婦可安全使用
止暈眩藥 **Meclizine** 俗稱：**Bonamine**	孕婦暈機、暈船、暈車的安全用藥

影響孕婦「不安全」藥物

藥名	胎兒不良反應
鎮靜助眠止孕吐藥 例如：Thalidomide	海豹肢畸形 (Phocomelia) 請參考第 59 頁 A6 圖片
口服維他命 A 酸 Retinoid 例如：Etretinate、Isotretinoin	會造成胎兒中樞神經系統、耳朵、眼睛、顏面和心臟的血管異常
安眠鎮靜藥物 Benzodiazepine 例如：Xanax、Valium、Ativan	於妊娠 5-11 週使用會增加千分之一胎兒口裂的風險 接近足月使用新生兒可能會有戒斷症狀 使用者也會有成癮的風險
鴉片止痛藥 Codeine	懷孕期間使用不會有致畸型風險，但是在足月或生產時使用可能增加新生兒中樞神經抑制或戒斷症狀
抗癌藥 (抗腫瘤的化學治療藥) 例如： Cyclophosphamide、Methotrexate、Aminopterin	懷孕初期會增加重大異常的風險 中後期可能會有非致畸胎性及有害腦部發育的影響
抗憂鬱 / 躁鬱劑 例如：鋰鹽 (Lithium)	胎兒心臟構造異常
口服維生素 A (Vitamin A)	每天超過 1 萬 IU 的劑量可能與神經管缺陷有關
次水楊酸鉍止瀉劑 (Bismuth subsalicylate)	可能有降低骨頭成長潛在理論風險，因為含有水楊酸成分，所以孕婦避免 32 週以後使用 (會使胎兒動脈導管提早關閉)
咖啡因（caffeine）	每日服用大於 300 毫克會增加胎兒生長遲滯的風險
抗癲癇藥 例如：Phenytoin、Valproic acid、Carbamazepine、Trimethadione	唇 / 顎裂、肢體異常、生長遲滯、發展遲滯

含 Trimethoprim 的磺胺類抗生素例如：Baktar	磺胺類抗生素在「第一孕期」使用會造成神經管缺陷
ACEI 降血壓藥 例如：Captopril、Enalapril	孕婦不要使用 ACEI 來降血壓。第二、三孕期使用可能因胎兒低血壓及腎臟血流降低而導致胎兒腎衰竭、羊水過少、頭骨發育不良和新生兒死亡 註：ACEI 為 Angiotensin Converting Enzyme Inhibitors 的縮寫，中文名為「血管張力素轉化酶抑制劑」
中樞型止吐藥 Prochlorperazine 例如：Novamin	足月時可能抑制中樞神經系統
排卵藥 例如：Clomid	在動物實驗中，被認為有胎兒毒性及催畸形性，又對孕婦之安全性尚未確定，故懷孕婦女請「勿」投藥
催產劑 例如：Ergonovine	引起持續性子宮收縮造成早產或流產
Misoprostol 俗稱：Cytotec	抑制胃酸用藥及流產藥。第一孕期作為流產藥時，可能引起胎兒顏面麻痺、四肢異常、口裂
NSAID 止痛藥 例如：Ibuprofen、voren、ketoprofen、Indomethacin、Naproxen	避免於懷孕 34 週以後使用 (會引起胎兒動脈導管在子宮內提早關閉及羊水過少和新生兒肺高壓) 註：NSAID 為 Non-Steroidal Anti-Inflammatory Drug 的縮寫，中文名為「非類固醇性抗發炎藥物」
降血脂藥物	會造成肢體畸形、神經管缺陷
賀爾蒙 Diethylstilbestrol（簡稱 DES）	大大增加女嬰子宮頸癌/陰道癌的危險
阿斯匹靈 Aspirin	懷孕 34 週「之後」孕婦「禁用」，屬於「D」級用藥，會提早關閉胎兒的「動脈導管」引發新生兒肺高壓及先天性心臟病

三、用藥安全

Dr.Chen 門診問答 常見 Q&A

Q1/A1 哪一類藥物「需」服用完整個療程？
抗生素：有感染或感冒較嚴重時服用，一旦服用則須服完整個療程，例如：治療細菌感染抗生素、治療黴菌(念珠菌)感染抗生素。

Q2/A2 Adalat安胎藥的服用方式？
含在「舌下」每「20分鐘」觀察一次，若2小時後仍持續有宮縮，則需就醫檢查。

Q3/A3 陰道塞劑的使用方式？
身體平躺且兩腿曲起向外張開，將陰道塞劑推入陰道口至少一根食指深度〈一根食指深度約7cm〉，至少要「平躺4小時」讓塞劑在陰道內溶解，這四小時期間請勿下床走動！

Q4/A4 多種藥物（西藥.中藥.保健食品）服用時間間隔？
西藥、中藥、營養保健食品：間隔 2 小時
多種西藥〈同時在不同診所／醫院有看診〉：詢問最後一位看診醫師後再服用

Q5/A5 哪些種類的藥物不可當一般垃圾處理回收？
「抗癌藥」、「抗生素」、「荷爾蒙」……等危害生態環境藥物，處理溫度需高達 1,200 ℃以上，建議拿到廢棄藥品檢收站或藥局回收。

Q6/A6 哪些常見西藥是X級是孕婦禁止使用的

懷孕用藥禁忌	
鎮靜藥物	沙利竇邁（Thalidomide）及鋰鹽（Lithium）
抗痙攣藥	Phenobarbital、Trimethadione、Valproate Phenytoin、paramethadione
抗腫瘤藥物	滅殺除癌錠 Methotrexate、氨基蝶呤 aminopterin
抗生素	康欣黴素 Amikacin、健達黴素 Gentamicin 妥布黴素 tobramycin、卡納黴素 kanamycin

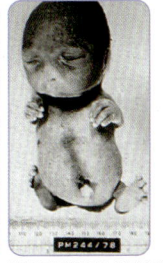

懷孕早期服用沙利竇邁會生出四肢像海豹上肢的畸胎兒

59

Part 2 懷孕期間自我照顧及注意事項

Q7/A7 懷孕期間不慎服用到致畸胎性藥品真的會造成胎兒畸形嗎？

1,000個新生兒出生時發現有先天性異常的胎兒大約30個（百分之三比例）。而這30個畸形兒中，發現由「藥品」造成的畸形兒大約只佔5% 即一個半（30 x 5％＝1個半），其他9成5大多是「原因不明」或者是「遺傳疾病」引起的，因此對於懷孕期偶發的用藥不慎可以不用太過緊張喔！

Q8/A8 Ibuprofen、Naproxen、Voren、Ketoprofen這些NSAIDS止痛藥孕婦可以服用嗎？

34週以「後」「禁止」服用！

因為這些藥物34週後服用會「提早關閉」胎兒的「動脈導管」造成胎兒的先天性心臟病和肺高壓疾病。

因此在34週後這些NSAID藥物被FDA歸類為「D」級藥物，孕婦禁止使用！

Q9/A9 請醫師推薦懷孕期間治療孕婦頭痛、牙齒痛、下腹痛和筋骨肌肉酸痛最安全的止痛藥？

普拿疼Acetaminophen（俗稱：Panadol、Tinten或Tylenol）公認是治療孕婦疼痛的「最佳首選」止痛藥

Q10/A10 孕婦可以吃阿斯匹靈(Aspirin) 嗎 ？

① Aspirin的正式學名叫Acetylsalicylic Acid，正常劑量是每顆324毫克(mg)，在懷孕34週「之後」孕婦「禁用」，屬於「D」級用藥，因為Aspirin會提早關閉胎兒的「動脈導管」引發新生兒肺高壓及先天性心臟病，所以孕婦用藥上要特別小心謹慎唷

② 但是「低」劑量阿斯匹靈 (俗稱：Bokey 100mg / 顆) 卻可以讓臍帶和胎盤的血管阻力降低，可以80%有效預防日後孕婦罹患妊娠高血壓（PIH：pregnancy-induced hypertension）及胎兒子宮內生長遲滯 (IUGR：Intrauterine growth restriction) 的風險，孕婦可以從「12週」吃到「34週」「沒有」風險

③ 孕婦至少要在「16週」前開始吃低劑量阿斯匹靈，可以預防80%左右的PIH和IUGR

四、孕婦少吃糖好處多多

以下針對糖水及含糖食物的正確臨床觀念和大家一起分享。

只要減少糖分的攝取就可以預防胰腺癌的發生，建議孕婦少喝含糖飲料，因為除了可以預防胰腺癌之外，又可以避免骨質疏鬆、營養失衡及蛀牙的發生，另外要注意的是，糖吃多了，還會削弱人體抵抗力，容易罹患各種疾病。所以「含糖飲料是有害健康的殺手」，因此建議孕婦少喝含糖飲料及減少日常生活糖分的攝取。

喝一罐375c.c.左右的碳酸飲料，等同於正常人一天所需要的糖分攝取量。因為糖分需要人體內的水來加以稀釋以被吸收，因此喝含糖飲料反而會「越喝越渴」。研究顯示，每天喝2罐以上的碳酸飲料，罹患胰腺癌的風險會比正常人高出2倍；吃太多糖還會造成營養不良或肥胖，因為糖只是一種純粹產生熱能的食物，幾乎不含其他營養成份，而且糖吃多還會減少食慾，進而導致其他營養素，如蛋白質、脂肪、維生素、礦物質……等攝食量不足，時間久了就會營養失衡。

糖也會中和掉我們身體內的「鈣」，因此體內的鈣會大量被消耗。體內缺鈣不僅直接影響生長發育，更容易引起骨質疏鬆及佝僂病。此外，糖很容易造成齲齒，因此牙科醫生建議，預防齲齒的首要關鍵就是要"少吃糖"。

Part 2 懷孕期間自我照顧及注意事項

Dr.Chen 門診問答　常見 Q&A

Q1 如何預防胰臟癌的發生？

A1 所有癌症中，胰臟癌是最「難」治療的，平均存活率只有「3～6個月」，比腦瘤還要可怕，在醫學治療上是最困難的癌症。

① 少吃糖分、炸物類和高脂肪食品，以降低罹患胰臟癌和心血管疾病的風險唷

② 養成規律運動、均衡飲食、少量多餐，切勿暴飲暴食，可有助於減輕胰臟和消化器官承受的負荷。

③ 戒抽菸、喝酒，這都是導致胰臟癌危險主因之一喔！也可降低肺癌和肝癌的風險，身體才會健康唷

④ 最重要的是每年要定期到醫院做全面性健康檢查，早些發現早點治療唷

Q2 胰臟癌有多可怕？

A2 根據我國中央研究院的研究指出：「糖代謝異常」是患者罹患「胰腺癌」「關鍵原因」，只要減少糖分攝取，就可以「有效預防」胰臟癌的發生！

註：胰腺癌又叫胰臟腺管癌，是由胰臟腺管產生的癌症，95%以上胰臟癌都是胰腺癌！

Q3 為什麼含糖飲料會越喝越渴呢？

A3 只要攝取含有糖（鹽）的食物、飲料和調味料，都需要人體內的「水」來加以稀釋以被吸收，因此含糖飲料會「越喝越渴」！

Q4 孕婦要多吃哪些含鈣、含鐵的食物呢？

懷孕中必須充分攝取的兩大營養素

	排名	1	2	3	4	5	6	7	8	9	10
鐵質	食物	豬肝	雞肝	沙丁魚	牡蠣	牛里肌肉	牛肝	長壽菜(海草莖)	菠菜	傳統板豆腐	水煮黃豆
鈣質	排名	1	2	3	4	5	6	7	8	9	10
	食物	公魚	沙丁魚乾	牛奶	加工乳酪	豆腐、油豆腐	油菜	優酪乳	吻仔魚	柳葉魚	卡芒貝爾乾酪

Q5/A5 何謂骨質疏鬆，如何自我保健呢？

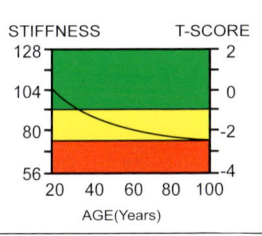

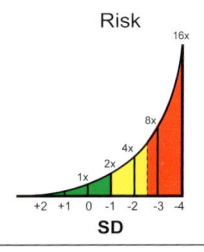

骨質疏鬆症

骨質疏鬆症是一種骨質加速流失的症狀，大約於三十五歲開始出現，其中女性停經後，骨質會大量流失，因女性荷爾蒙分泌大幅減少，更易發生停經後骨質疏鬆症，據統計女性於五十歲以上手腕骨骨折最多，六十歲以脊椎壓迫性骨折最多，七十歲大腿骨骨折最多。

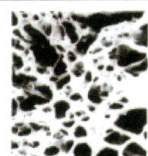

（正常骨質） 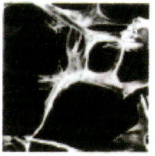　　　　　　（骨質疏鬆）

- 內政部統計，台灣60歲以上老人每年有三萬人大腿骨折，33%（一萬人）在一年內死亡，50% 晚年終身殘廢，每年花費醫療成本超過30億。
- 50歲以上，更年期女性罹患率高於男性 6~8 倍，65.6% 的女性因骨質疏鬆造成壓迫性骨折。

世界衛生組織（WHO）骨質疏鬆標準 T-score

T-score（0 以上）	良好	骨質密度正常，多攝取鈣質儲存骨本，定期一年檢查一次。
T-score（0~ -1）	正常	骨質密度正常，多攝取鈣質儲存骨本，定期6個月檢查一次（可增加補充鈣片）。
T-score（-1~ -2.5）	流失	骨質快速流失中，減少不良飲食及生活習慣，定期6個月檢查一次（每日補充鈣片 600-1,000mg）
T-score（-2.5以下）	疏鬆	骨質脆弱，避免跌倒及外力撞擊，遠離不良習慣，與醫師配合藥物治療，定期3個月檢查一次（加強鈣片補充每日 1,000-1,500mg）

良好骨質平時保健方法

1. 多喝牛奶及食用乳製品（如優酪乳、乳酪〈cheese〉）。早晚各一杯鮮奶，飲用時不要過度加熱。
2. 多食用含鈣量高的食物，如吻仔魚、沙丁魚罐頭、小魚乾、豆類食品、芹菜、魚貝類、海藻、海帶、髮菜、芥藍菜、番薯葉及深綠色蔬菜……等。
3. 少吃「過甜」的食物，因過多的糖分會影響身體對鈣的吸收。
4. 排骨或大骨含鈣量多，在熬煮排骨或大骨湯時可加一點醋幫助鈣質溶入湯中，以利吸收。（補鈣食譜：鳳爪排骨湯中加一點點醋）
5. 保持均衡的營養及適當的戶外運動，如快步走（時速至少每小時8公里才有效）、慢跑、騎單車……等，加上曬曬太陽，透過維生素D3的幫忙，才能使胃腸攝取的鈣質被體內吸收而保持骨本。

五、懷孕初期如何改善不適症狀及注意事項

　　孕婦常見不適症狀有孕吐、頭暈、乳房腫脹、頻尿、胃灼熱感、脹氣、消化不良、便祕、腰酸背痛、小腿抽筋、下肢水腫、靜脈曲張、分泌物增加……等，就臨床經驗給媽咪們一些建議做參考，茲分述如下：

(一) 孕吐

　　懷孕後由於荷爾蒙的改變及人類絨毛膜促進腺激素（β-HCG）的濃度上升，加上個人體質不同等原因而引起孕吐，妊娠嘔吐大多會在懷孕「12 週後」會慢慢改善。

- 起床前先吃一些點心，如：蘇打餅乾、吐司、小饅頭
- 少量多餐（一天可吃 6 餐）
- 避免油膩（如：炸雞、薯條）、味道重（如：豆腐乳……等鹽漬罐頭加工食物）與易脹氣的食物。
- 水分在兩餐中當點心補充，避免在用餐時喝湯、喝開水
- 孕吐後可以用開水漱口以去除噁心味。
- 可喝薑茶舒緩胃部不適症狀。
- 聞一下檸檬、薄荷或者口含酸梅、薄荷錠劑，可以抑制噁心感。
- 可與醫師討論補充維生素 B6、止吐藥或胃酸逆流咀嚼錠。
- 遠離油煙：儘量保持室內以及廚房空氣的流通，因為室內二氧化碳升高，容易引起孕婦嘔吐。
- 懷孕頭 3 個月避免服用鐵劑，因為鐵劑會引發孕婦便祕、解黑（青）便、噁心嘔吐及上腹不適。
- 當孕婦嚴重害喜到體重下降了原先體重的 10%，表示有嚴重的營養不良，需入院注射葡萄糖點滴並給予止吐藥及維生素 B6 緩解症狀。

(二) 頭暈

　　大約有 1/3 的孕婦會有頭暈現象，通常在飽餐之後或在人潮擁擠空氣

不佳的場所（比如傳統市場……等），強烈陽光照射、過度疲勞、貧血、血糖太低都會引起。

在懷孕後期，孕婦容易因姿勢的突然改變造成姿態性低血壓引起頭暈。

1. 改變姿勢時要慢慢來，採漸進式活動
    (1) 孕婦下床前，慢慢地從「臥」位改為「坐」姿，坐於床緣腳著地，觀察是否有頭暈，臉色蒼白等不適情形。
    (2) 坐在床緣可先做一些運動，如：深呼吸、擺動雙腳，以鬆弛其骨骼肌肉和促進下肢血液循環。
    (3) 無不適反應後再緩慢下床，下床活動時，儘量請家屬陪伴身旁。

2. 儘量避免長時間站立／維持同一姿勢／久坐／強烈陽光直接照射。

3. 頭暈時立即坐下休息避免跌倒。

4. 適當休息，避免過度疲勞。

5. 檢查是否貧血，可適當的補充鐵劑。

6. 若有持續性頭暈現象需請醫師進一步診治。

> 小叮嚀
>
> 一、低血糖的症狀
> 低血糖休克易發生在兩餐之間以及夜間，其症狀為噁心、飢餓、無力、皮膚濕冷、出汗、蒼白、心搏減慢、呼吸減慢、視力障礙、意識改變……等。
>
> 二、低血糖處理與預防的『15』法則
> 在清醒可正常吞嚥進食情況下，一次吃「15公克」可快速吸收的含醣食物，例如15公克的葡萄糖粉，方糖4顆、一瓶養樂多、一湯匙的蜂蜜或砂糖；吃了「15公克」含醣食物後「15分鐘」，檢查血糖回升狀況後，如果還是太低，就必須要一再重複這個步驟，直到血糖回升至正常為止。

(三) 乳房腫脹

懷孕後由於泌乳激素上升，而使乳房脹大，並易有脹痛感，甚至也會發現乳暈部位有變大、顏色變深的現象。

1. 穿戴合適的胸罩以支撐乳房。

2. 若乳房有分泌白色分泌物，用清水擦拭乾淨即可。

3. 懷孕期間勿按摩乳房或刺激乳頭，避免引起子宮收縮。

4. 乳房腫脹情形，在產後哺餵母乳使乳腺管順暢後即可改善，若無法哺餵母乳，可配合服用退奶藥以消除腫脹不適。

(四) 頻尿

懷孕初期，因為子宮逐漸變大壓迫膀胱結果，會使得膀胱容量變小。

懷孕後賀爾蒙的增加會刺激膀胱的黏膜充血，導致對累積尿意的敏感度也會增加，造成孕婦小便次數頻繁。

到了懷孕後期，則因為胎兒逐漸下降，壓迫膀胱的結果導致頻尿。

1. 睡前兩小時減少水分攝取，可減少夜尿頻率
2. 攝取足夠水份一天約 1,500~2,000 cc 的水，但請勿憋尿
3. 避免喝茶、咖啡、可樂……等含咖啡因飲料
4. 若有病態性頻尿症狀（5~10 分鐘就想小便、下腹部有悶漲下墜感、剛解尿當下或最後縮尿瞬間伴有灼熱感、想尿又解不出尿），表示可能有膀胱發炎甚至腎炎（疼痛性血尿合併兩側腰痛及發燒或畏寒情形），建議立即就醫治療。

(五) 胃灼熱感、脹氣、消化不良、便祕

懷孕時黃體素上升會使腸胃蠕動減緩，當便秘情況嚴重時，腹脹的情形也就會更加明顯。

- 腸胃不適改善方法如下：

1. 細嚼慢嚥（每餐吃足 20 分鐘以上），飯後不要立刻躺下，若躺臥時可採半坐臥式。
2. 避免進食會造成腸胃不適的食物，如：油膩、煙燻、鹽漬、燒烤、氣泡式等刺激性食物。
3. 水份在兩餐中補充，避免在用餐時喝湯及開水，正餐時要限制水份量。
4. 如症狀嚴重可與醫師討論開立防止胃酸逆流咀嚼錠、消脹氣藥物。

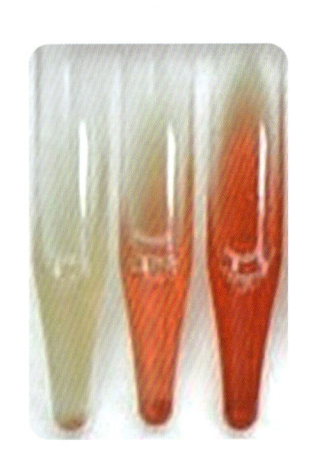

- 便秘改善方法如下：
  1. 多喝水：建議每日至少喝 1,500-2,000 c.c 的開水或無糖飲料（建議可喝無糖綠茶）。
  2. 多吃含纖維素高的食物，如：五穀類食品、蔬菜與水果。
  3. 建立每日有規律及良好的排便習慣。
  4. 切勿自行服用通便藥物及使用浣腸。
  5. 便秘或痔瘡症狀嚴重時，可請醫師開立軟便劑或痔瘡藥膏。

(六) 腰酸背痛

懷孕婦女因體重漸漸增加，會使得孕媽咪腰椎前凸角度增加引發下背痛，其中又以腰痛最常見。

- 改善方式如下：
  1. 維持良好的姿勢，而且不宜久坐或久站。
  2. 選擇有椅背的椅子以支撐背部。
  3. 穿著低跟、具支持性的平底鞋。
  4. 使用托腹帶，減輕背部過度用力。

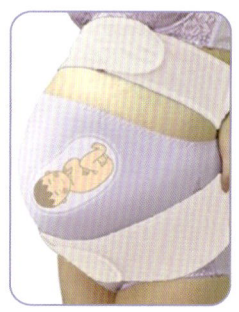

托腹帶

(七) 小腿抽筋

常常發生在懷孕後期，胎兒在母體內快速的成長，此時母體需要提供大量的鈣質供胎兒發育，如果孕婦鈣質吸收不足，胎兒就會吸取母體的骨鈣來成長，孕婦就容易出現抽筋症狀，最常發生的部位在下肢，以小腿發生率最高。

所以孕婦需要的鈣質比懷孕前要增加 50%，因此孕婦一天約需攝取 1,200~1,500 毫克的鈣質才足夠給胎兒營養。

- 改善方式：
  1. 保持腿部溫暖，洗澡當中讓小腿泡在 40~41℃ 的熱水中 15 分鐘放鬆肌肉或穿著長睡褲入睡以預防半夜小腿抽筋。

> **小叮嚀**
> - 電風扇或冷氣請勿直接吹下肢，避免清晨半夜時小腿抽筋，請孕婦入睡時小腿務必要保暖。
> - 緩解小腿抽筋的方式：
>   1. 腳儘量完全伸直，腳跟抵住牆壁，用手將腳趾頭往身體方向儘量內彎
>   2. 起床下床時腳跟先著地，或平躺時腳跟抵住牆壁。
>   3. 攝食含鈣食物，如：鮮奶、排骨、小魚干……等。
>   ★（全脂／低脂／脫脂／豆漿／米漿……等的含鈣質成分都相差不多，為了避免血中膽固醇升高，因此建議孕婦可改喝脫脂牛奶、豆漿或米漿來補鈣。）
>   4. 食療若沒有改善小腿抽筋的症狀時，建議每天早餐前三十分鐘可服用鈣片來補充鈣質。服用鈣片需要多補充水分，避免發生腎結石及膀胱結石。

（八）下肢水腫、靜脈曲張

大約有 80% 的孕婦會有水腫或靜脈曲張的情形，主要是因為子宮漸漸變大會壓迫下腔靜脈，造成血液不易回流，這種下肢水腫及靜脈曲張情形從懷孕 5 個月後會逐漸的明顯，所以建議 20 週以後就可以開始使用托腹帶來保護骨盆防止子宮下垂外，也可以避免下肢水腫及靜脈曲張的現象發生。

- 改善方法：
  1. 勿吃太鹹及重口味的食物，如：豆腐乳、醃肉、鹹蛋、鹹魚、火腿……等。
  2. 避免久站、久坐或長久步行。
  3. 睡前兩小時減少水分攝取。
  4. 躺臥時可用枕頭抱枕墊高雙腳，促進下肢血液循環。
  5. 可熱敷按摩小腿或用 40~41℃ 的熱水泡腳。

（九）分泌物增加

正常女性陰道分泌物大多呈透明或像蛋清那樣的顏色，而且也不會有異味。

但是懷孕婦女因體內雌激素上升造成陰道分泌物變多及會陰部抵抗力變差，後期又有頻尿或漏尿等現象，外陰部長久處於比較悶濕的環境，容易造成細菌及黴菌的滋長。

- 改善方法：

    1. 勤換內褲，改穿棉質內褲，避免穿緊身褲襪或緊身牛仔褲。
    2. 經常保持外陰部的清潔。
    3. 避免自行購買消毒藥水做陰道沖洗。
    4. 如廁後衛生紙由陰部往肛門處擦拭，勿來回擦以防感染。
    5. 若有異味或外陰搔癢、疼痛等不舒服症狀可請醫師開立藥物治療。

> **小叮嚀**
>
> - 頑固型陰道炎處置法：
>   1. 治療方式同香港腳即陰部保持乾燥（如穿褲裙）且避免溫熱潮濕環境（如穿緊身褲、丁字褲、久坐、長期用護墊或衛生棉墊……等）。
>   2. 所有貼身內褲「煮沸」消毒「15」分鐘以上，日曬晾乾後收起來。
>   3. 治療期間請穿市售旅行用（100% 棉）免洗內褲，用後即丟。
>   4. 不必用熱水、食鹽水清洗陰部止癢。
>   5. 因陰道分泌物為弱酸性可殺菌，所以不需要用市售婦潔液或沙威隆藥水消毒盥洗陰道。
>   6. 陰道滴蟲、黴菌會存在男性伴侶的精液中，故性行為時請戴保險套，或避免體內射精或治療期間要禁慾。
>   7. 陰部止癢外用乳膏由外往內塗抹以免病灶擴散加大，可一日薄薄塗抹二～三次。
>   8. 一次療程14 天，有九成治癒率。
>   9. 月事期間陰道「不塞」藥錠，但口服抗生素仍「照常服用」。

(十) 懷孕初期（尤其 12 週前）有陰道出血，怎麼辦？

早期出現陰道出血，可能是先兆性流產的警訊。

- 改善方法如下：

    1. 儘量臥床、多休息，不要搬重物。
    2. 停止性行為。

3. 立刻回診找產檢醫師檢查及治療。

4. 必要時要注射安胎針及服用安胎藥抑制出血。

分期	出血原因
第一期（早期）	子宮頸息肉、先兆性流產 子宮頸糜爛發炎、子宮外孕
第二期（中期）	子宮頸閉鎖不全
第三期（晚期）	前置胎盤、胎盤早期剝離

(十一) 攝取足夠的葉酸

懷孕初期前三個月，是胎兒發育最重要的階段，胎兒的五官、心臟、神經系統開始形成。許多食物都含有葉酸，如核果類尤其多，深綠色蔬菜、橘類水果都含有，適當的補充葉酸有助於降低神經管缺陷（無腦兒、腦膨出和脊柱裂）的發生。葉酸是屬於維生素 B 群中的一種水溶性維生素，又叫做維他命 B9，因此無法儲存在體內，必須經由食物中獲取，或是直接由葉酸錠劑來補充。

整個懷孕期間建議孕婦每天攝取葉酸 600~800 微克（μg）；若孕婦為神經管缺損之高危險群（如：曾生育過無腦兒或脊柱裂嬰兒的媽媽），則應每日至少補充 4,000 微克＝4 毫克（mg）的葉酸。

★備註：1 毫克（mg）等於 1,000 微克（μg）

Dr.Chen 門診問答 常見 Q&A

Q1 懷孕可以吃「人蔘」嗎？

A1 「人蔘」會「抑制」子宮收縮，在產前的確會有安胎的功能，但若在懷孕36週後服用人蔘，會讓產後子宮無力引發產後出血（PPH），因此建議產婦在「36週前」可以吃人蔘，但「36週後」禁止吃人蔘！

五、懷孕初期如何改善不適症狀及注意事項

Q2 產後可以吃「韭菜」嗎？
A2 不可以，韭菜會「退奶」。

Q3 懷孕時可以常常吃「麻油」嗎？
A3 不建議吃，因為麻油「會」促進子宮收縮，進而引發早產流產，但添加少量當調味料，不至於引起子宮收縮，則可以服用喔！

Q4 懷孕期間孕婦採什麼活動改變姿勢較安全？
A4 採漸進式活動。

Q5 懷孕期間乳房腫脹孕婦可以刺激「按摩」乳房嗎？
A5 不可以，因為過度刺激乳房會造成子宮收縮引發早產。

但是還在「哺餵母乳」的「經產婦」若「懷孕了」還是「可以繼續哺餵母乳」，但若發現在哺餵時，有出現子宮收縮的情形導致產前出血，就得停止哺餵母乳！

Q6 懷孕期間一天要補充幾毫克的鈣質呢？
A6 1,200-1,500 毫克（mg）

Q7 懷孕時，正常的陰道分泌物顏色為何？會有異味嗎？
A7 正常陰道分泌物多呈透明像蛋清那樣的顏色，是不會有異味的。

但分泌物若顏色改變並有異味而且很癢，表示有感染，常見感染如下：

型態	症狀	感染菌種
綠色泡沫狀	很癢	陰道滴蟲
黃色鼻涕狀	有異味	細菌
塊狀豆腐渣	有牛奶酸味很癢	黴菌（念珠菌）

小叮嚀 臨床經驗顯示 50 % 以上的糖尿病婦女很容易罹患念珠菌感染，因此妊娠糖尿病孕婦要特別注意個人的清潔衛生習慣。

Part 2 懷孕期間自我照顧及注意事項

Q8 / A8 會破壞孕婦陰道自淨作用的原因？

- **妊娠期**：懷孕婦女因體內雌激素上升造成陰道分泌物變多及會陰部抵抗力變差，後期又有頻尿或漏尿等現象，外陰部長久處於比較悶濕的環境，容易造成細菌及黴菌的滋長。
- **精液進入**：男性精液的酸鹼值為 7.5～8.5，每次射精後會使陰道酸鹼值由正常值 4.5 上升至 7.2 左右，並維持 6～8 小時。陰道「鹼化」結果會「降低」陰道殺菌力而容易造成陰道炎、子宮頸炎。
- **產後及坐月子**：惡露（或經血）會降低陰道防禦功能和自淨作用，增加病源體侵入陰道的機會。
- **長期使用藥物**：長期服用藥物（如免疫抑制劑、抗生素、抗癌藥物……等）很容易造成念珠菌感染。
- **身體過度疲勞**（例如熬夜）：會造成身體免疫力下降，會增加陰道炎感染機會。

> 小叮嚀
> - 女性正常陰道環境為弱酸性 PH 值大約 4.5～5.5
> - 男性精液為弱鹼性 PH 值大約 7.5～8.5

Q9 / A9 懷孕期間可以發生性行為嗎？

可以，但是避開最初三個月及最後兩個月（前三後二禁止性行為）

Q10 / A10 懷孕期間若發生性行為，可體內射精嗎？

不可以，因為男性精液的 PH 值為 7.5～8.5，每次射精後會使女性陰道 PH 值從 4.5 上升至 7.2 左右，並維持 6～8 小時，陰道鹼化結果會使陰道殺菌力降低導致陰道炎、子宮頸炎。

> 小叮嚀
> 男性精液中含有前列腺素這種物質，會造成子宮收縮引發早產，嚴重者甚至會導致流產，所以建議性行為須戴保險套並且禁止體內射精。

Q11 / A11 孕婦腎臟發炎不可不慎！症狀除了頻尿現象之外，還合併哪些徵象？

1. 疼痛性血尿
2. 發燒 38℃ 有畏寒
3. 敲擊後腰部兩側有明顯疼痛情形

血尿

72

五、懷孕初期如何改善不適症狀及注意事項

Q12/A12

懷孕 12 週之前的陰道出血原因為何？ 如何治療？

1. 儘量臥床、多休息，不要搬重物、不要便秘。
2. 立刻停止性行為。
3. 產檢醫師必要時會讓孕婦注射安胎針及服用安胎藥 + 止血藥來治療。

分期	出血原因
第一期（早期）	子宮頸息肉、先兆性流產 子宮頸糜爛發炎、子宮外孕
第二期（中期）	子宮頸閉鎖不全
第三期（晚期）	前置胎盤、胎盤早期剝離

> 小叮嚀：只要陰道出血呈現鮮紅色，不論量多量少，建議立即就醫治療，並居家絕對臥床休息至少三天。

Q13/A13

臨床實務上，如何定義懷孕三時期？

第一期（早期）：前四個月（從最後一次月經 (LMP) 的第一天到第 15 週又 6 天）

第二期（中期）：中間三個月（第 16 週第 0 天到 27 週又 6 天）

第三期（晚期）：最後三個月（第 28 週第 0 天到預產期 40 週當天）

Q14/A14

臨床經驗上建議產婦從什麼時候「開始使用托腹帶」來保護骨盆防止子宮下垂、膀胱直腸脫垂及降低痔瘡疼痛率及發生率？

20 週以後

Q15/A15

骨盆腔發炎會增加女性不孕的機率嗎？

當然會！骨盆腔發炎的次數愈「多次」，女性不孕的機率就會愈「增高」。

骨盆腔發炎次數	女性不孕的機率
1次	12%
2次	23%
3次	54%

六、懷孕初期要補充葉酸 (Folic Acid)

(一) 葉酸的作用

葉酸在體內是扮演輔酶（酵素）的角色，參與細胞內 DNA 的合成，缺乏葉酸會影響細胞的分裂，而影響最大的就是細胞分裂最快的器官，例如：造血系統和神經系統，在成人可能會發生巨細胞貧血，在孕婦則會造成胎兒神經管缺損。另外，最新的醫學研究顯示，補充葉酸可以降低胎兒唇顎裂的發生率及降低流產的機率，而整個孕程葉酸攝取不足的孕婦，生出 " 早產兒 " 的機率也會大幅增加。

(二) 什麼是「神經管缺損」？

神經管是將大腦和脊髓包住的構造，就像包住電線外層的那層塑膠皮。「神經管缺損」是一種很嚴重的神經系統先天型畸形，它指的是神經管閉合不全，進而造成腦和脊髓的外露（就像包住電線的外層塑膠皮破損結果，露出裏面的銅線）。台灣大約每一千名新生兒當中，就會有一名罹患神經管缺損。發生神經管缺損的原因大多是因為在懷孕的早期，胎兒的神經管發育過程發生障礙，形成了神經管缺陷，它包括：無腦兒、腦膨出和脊柱裂，會造成很嚴重的後遺症，包括胎兒死亡及新生兒神經方面的障礙，例如：大小便失禁、下肢癱瘓無法行走……等。

(三) 如何補充足夠的葉酸？

葉酸是屬於維生素 B 群之中的一種水溶性維生素，又叫做維他命 B9，由於是水溶性，因此無法儲存在體內，必須每天由飲食或是用其他營養品補充。理論上為了避免神經管缺損，婦女應在受孕前 1 個月就要開始補充葉酸，至少到受孕後 3 個月。事實上，孕婦在整個懷孕過程及哺乳期間，葉酸的需求量都在增加，所以即使在懷孕 3 個月之後，最好還是每天持續補充葉酸，一天 600～800 微克 (μg)。

- 葉酸含量前 10 名的台灣水果如下：
    1. 木瓜 2. 聖女小番茄 3. 柳丁 4. 芭樂 5. 鳳梨 6. 草莓 7. 榴槤

8.鳳梨釋迦 9.葡萄 10.奇異果

(四) 葉酸的來源

許多食物中都含有葉酸，例如：核果類（Walnuts）尤其多，肝臟、深色葉類蔬菜（如：胡蘿蔔、花椰菜、蘆筍、菠菜）、柑橘類水果、全穀類、花豆、蠶豆、蛋、牛奶……等。因此多吃水果、深色葉菜、乾豆，多吃有添加了葉酸的穀類產品和早餐麥片，多吃含有葉酸的孕婦綜合維他命補品（如：新寶納多或盼納補）這些均有助於葉酸的補充。

(五) 叮嚀

研究發現，孕婦補充葉酸可以降低將來小朋友罹患某些癌症的風險，例如血癌、腦瘤、神經胚細胞瘤等。所以，補充葉酸好處多多，不只是為了胎兒，對一般人也有幫助。因此：

- 準備懷孕的婦女，應該每天服用一顆含有足量葉酸的綜合維他命，一直持續到整個懷孕及產後授乳期間。
- 若曾經生育過無腦兒、腦（脊髓）膨出和脊柱裂嬰兒的婦女，則建議在懷孕前一個月開始每一天補充 4 毫克 (mg)（4 mg 等於 4,000 微克）的葉酸，至少到受孕後 3 個月為止。

Dr.Chen 門診問答　常見 Q&A

Q1 正常孕婦從懷孕初期到整個孕程建議要補充多少葉酸？
A1 一天 600～800 微克 (μg)

Part 2 懷孕期間自我照顧及注意事項

Q2 曾經生育過胎兒有神經管缺陷的產婦，如何補充葉酸來預防？

A2 建議在懷孕前一個月開始每一天補充 4 毫克 (mg) 的葉酸，至少到受孕後 3 個月為止。（4 mg 等於 4,000 微克（μg））

> 小叮嚀
>
> ・單位的換算
>
> 1μg = 1 micro gram
>   = 1/1,000,000 gram（公克）
> 1mg = 1 milli gram = 1/1,000g
> 1 mg = 1,000μg

submultiple	prefix	symbol
10⁻¹	deci-	d
10⁻²	centi-	c
10⁻³	milli-	m
10⁻⁶	micro-	μ
10⁻⁹	nano-	n
10⁻¹²	pico-	p
10⁻¹⁵	femto-	f
10⁻¹⁸	atto-	a

Q3 懷孕 12 週之後如何補充孕婦營養？

A3 建議每日服用一錠含有葉酸的孕婦綜合維他命補品（如：新寶納多或盼納補）。

Q4 新寶納多或盼納補如何服用？

A4 新寶納多和盼納補屬於綜合維他命內含有脂溶性維他命，建議飯後吃。

Q5 葉酸是屬於哪一種維生素？

A5 水溶性維生素又叫作維他命 B9，要空腹吃。

Q6 孕婦若服用維他命A，每日不應該攝取超過多少量為佳呢？

A6 10,000 IU（國際單位）等於 3,000 微克 (mcg)

> 小叮嚀
>
> 1. 維他命 A 1IU = 0.3 微克
> 2. 孕婦每日攝取維他命 A 超過 10,000 IU 以上，就可能會生出畸形兒。
>
> ・脂溶性 A, D, E, K 單位使用 IU，其他均用 mg 或 mcg：
>   （IU：國際單位 (International Unit)，mg = 1/1,000 g，mcg = 1/1,000,000）
>
>   ▶ 維他命 A 1IU = 0.3mcg = 0.3 micro gram
>   ▶ 維他命 D 1IU = 0.025 mcg
>   ▶ 維他命 E 1IU = 1 mg = 1 milli gram

七、如何預防嬰幼兒過敏

(一) 前言：嬰幼兒過敏疾病如何發生：

嬰兒對母親是個**外來物**，母體自然就會排斥胎兒，但為了避免胎兒流產，媽媽的免疫系統會改變成比較『**不會排斥**』胎兒的『**易過敏**』體質來避免流產，也因這樣的體質改變，媽媽的抵抗力會變得比較『**差**』，比較容易被感染疾病。如果寶寶在出生以後還繼續不斷接觸到外來過敏原，將會使寶寶的易過敏免疫系統「**持續被活化**」而導致寶寶漸漸有過敏疾病產生。

- 二手菸

    二手菸（二手菸會增加胎兒『**2.8**』倍的氣喘發作），**化妝品、精油、香水、空氣汙染，塑化劑**（塑膠製品）等都是常見的過敏誘導物，接觸這些物質會使孕婦以及幼兒體內的過敏基因被活化，更容易導致寶寶過敏疾病的產生。

> **小叮嚀**：縱使父母**皆沒有**過敏體質，他們所生下的寶寶仍有『**15%**』會有過敏疾病喔！

(二) 常見兒童過敏疾病有下列三種：

1. 異位性皮膚炎（發生率約 17%）：

大部分會在兩歲以前發病。症狀會**非常癢**，好發在特定部位（見右圖），特色是**不斷復發**的癢疹。

Part 2 懷孕期間自我照顧及注意事項

2. 過敏性鼻炎（發生率約 50%）：

大多兩歲以後發病，好發於夜晚及清晨時刻，典型症狀有鼻子癢打噴嚏、流水狀鼻涕以及鼻塞。

3. 氣喘（發生率約 20%）：

- **什麼是氣喘？**

    氣喘的發生是因呼吸道對環境中的過敏原產生過敏反應，是一種呼吸道『慢性』發炎的症狀，症狀會一直反覆出現。氣喘發作時會造成呼吸道狹窄而引發間歇性的呼吸困難並出現『咻咻』的喘鳴聲及咳嗽。

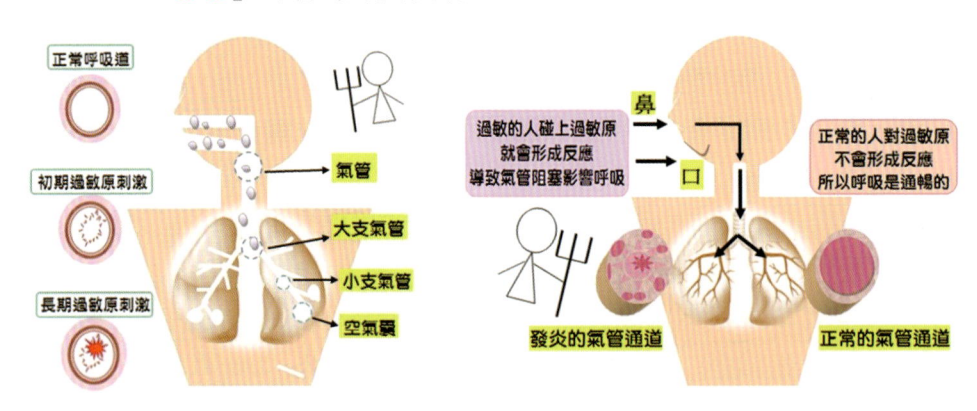

- **什麼東西會導致氣喘？**

    ➡ 過敏原：塵蟎（佔 92%）、灰塵、狗（貓）寵物的毛髮及皮屑、蟑螂、黴菌、蝦子及花粉等。　　塵蟎

    ➡ 其他誘導物：呼吸道病毒感染、空氣汙染、藥物、劇烈運動、溫差變化、情緒起伏、含有重金屬成分的化妝品／香水／精油及塑膠製品內的塑化劑皆會引發過敏

氣喘誘發因子	
過敏原	1. 塵蟎　2. 蟑螂　3. 寵物毛髮、皮屑及唾液 4. 黴菌　5. 花粉　6. 食物
非過敏原	1. 呼吸道感染　2. 氣候變化　3. 空氣污染 4. 刺激性氣味　5. 心理因素　6. 劇烈運動 7. 冷熱變化

・如何預防氣喘發生？

1. 正確使用醫師開立的氣喘藥物。
2. 當天氣變化時或天氣寒冷時減少外出。
3. 避免情緒過度的緊張和避免從事劇烈的好氧運動。
4. 避免進食刺激性食物及冰涼的食物。
5. 家裡避免飼養寵物及少用化妝品、香水、精油。
6. 使用防塵蟎寢具並將除濕機濕度控制『**低於 50%**』。
7. **丟掉**以下物品：地毯、布窗簾、沙發座墊、彈簧床、絨毛玩具。
8. 使用『**HEPA**』空氣清淨機及吸塵器。

　　建議『**每個星期**』都要清洗一次冷氣濾網以及床單，清洗床單時須先『**加熱**』藉此**脫水**殺死床單上的塵蟎（浸泡**攝氏 50 度以上**的熱水或**曝曬太陽**或使用**熨斗燙**），再用洗衣機洗滌。

(三) 如何在寶寶發育的關鍵期一千天（從媽媽懷孕開始到寶寶出生後『兩歲』的這段時間）預防嬰幼兒過敏疾病生：

1. 飲食

(1) DHA（Omega-3 不飽和脂肪酸）每日 **300 毫克**（mg）以上。
　　（從懷孕 14 週吃到 34 週）

(2) 益生菌（推薦服用有良好商譽的 **LGG** 菌種）。
　　★孕婦：整個孕程都可以吃，嬰幼兒至少吃滿 6 個月。

(3) 餵食『**純母乳**』的嬰兒每日至少滴餵 **400 IU**（國際單位）的**維生素 D**。

　　★產後建議哺餵母奶至少 4~6 個月，有過敏家族史最好餵到 2 歲，如果無法哺餵母乳，則建議改吃『**水解配方**』奶粉。

　　★寶寶接觸副食品之後要**少量、多樣化**才能均衡攝取營養。
　　為了不讓寶寶免疫系統傾向易過敏體質，寶寶吃副食品『**不可挑食及不可偏食**』。

　　★接觸副食品時間不需延後，寶寶『**四個月**』大，即可接觸副食品。

2. 避免接觸環境過敏原

(1) 婦在懷孕當中及寶寶出生後都應該避免接觸到過敏原和過敏誘導物。（台灣最常見的過敏原為**塵蟎佔 92%** 以及**黴菌**）

(2) 建議家中買除濕機，控制室內濕度『**低於 50%**』

(3) 寢具（選擇防蟎材質）要**每星期**清洗並曝曬太陽

(4) **不要**飼養貓，狗，鳥類

塵蟎(屬蜘蛛綱，有八隻腳)

Dr.Chen 門診問答 常見 Q&A

Q1/A1 要去除家中過敏原（塵蟎），是要購買空氣清淨機還是除濕機呢？

除濕機，因為塵蟎 **90%** 以上是**水做**的，所以曝曬陽光或**室內濕度 50% 以下**或直接沸水加熱或用熨斗燙皆可直接將塵蟎脫水讓它死亡。

Q2/A2 使用除濕機將濕度控制在＿＿＿%，可預防氣喘發生呢？

50%，使用除濕機將濕度控制在 50% **以下**，可預防氣喘發生。

Q3/A3 塵蟎有幾支腳？

八隻腳（塵蟎屬蜘蛛綱）

塵蟎

Q4/A4 媽媽為何容易感冒抵抗力變差？

嬰兒對母親是個外來物，母體自然就會排斥胎兒，但為了避免胎兒流產，媽媽的免疫系統會改變成比較不會排斥胎兒的『**易過敏**』體質來避免流產，也因這樣的體質改變，媽媽的抵抗力會變得比較**差**，比較容易被感染疾病。

Q5/A5 有過敏體質的婦女懷孕後，可以使用香水、精油、化妝品嗎？
不可以，因為這些物品含有『**重金屬**』，會引發過敏疾病。

Q6/A6 孕婦產前吃甚麼可以預防嬰幼兒過敏呢？
- DHA（Omega-3 不飽和脂肪酸）每日 300 毫克（mg）以上。
 （從懷孕 14 週吃到 34 週）
- 益生菌（推薦服用有良好商譽的 LGG 菌種）。（整個孕程皆可服用）

Q7/A7 導致氣喘最常見的過敏原？
塵蟎（佔 92%）

塵蟎

Q8/A8 當氣喘發生時該怎麼辦？
- 坐著身體往前傾，儘快被移到空氣流通的環境中休息
- 做深呼吸以放鬆肌肉（吐氣要比吸氣『長』）
- 使用醫生指示的氣喘藥物

Q9/A9 哪些情況下的氣喘發作需立即送醫呢？
- 嚴重發作而導致呼吸瀕臨衰竭
- 使用氣喘藥物連續三次後，症狀仍沒有改善
- 病患是嬰幼兒

Q10/A10 如何正確清洗床單？
建議**每個星期**都要清洗一次冷氣濾網以及床單，清洗床單時須先『加熱』。（浸泡攝氏 50 度以上的熱水或曝曬太陽或使用熨斗燙），再用洗衣機洗滌，藉此殺死床單上的塵蟎）。

八、認識腸病毒

(一) 甚麼是腸病毒

　　腸病毒是一群病毒的總稱，包括小兒麻痺病毒、克沙奇病毒、腸病毒 68~71 型等……大約有六、七十種以上，人類是目前已知的唯一宿主及感染源。

　　腸病毒『71』型在民國 87 年，曾爆發大流行造成全台 78 個小孩死亡。

　　除了小兒麻痺病毒以外，腸病毒 71 型最容易引起嚴重中樞神經系統病狀，包括嗜睡、意識不清、活動力不佳及肌躍型抽搐……等。

(二) 流行季節

　　腸病毒通常流行於『夏季』以五月底至六月中旬達到最高峰期，五歲以下的兒童感染佔最多數。

(三) 傳染途徑

1. **糞口**傳染：感染腸病毒之後的 6 至 8 週，患者糞便排泄物都具有傳染力。
2. 病人的口鼻分泌物、飛沫、咳嗽、打噴嚏（飛沫傳染）：腸病毒在人類呼吸道中可以存在 3 至 4 週。
3. 皮膚水泡潰瘍（接觸感染）。

(四) 傳染力

　　腸病毒在病發前幾天即有傳染力，發病後一週內傳染力最強，口鼻分泌物的傳染力可持續 3 週以上，在腸胃道可持續 6~8 週的傳染力。

(五) 腸病毒引發下列幾種症狀：

1. **手足口病**：會發燒＋身體出現小水泡，主要分布於口腔黏膜及舌頭，其次為軟顎、牙齦和嘴唇，四肢則是手掌及腳掌／手指及腳趾。病患常因口腔潰瘍厲害而無法進食。

2. **疱疹性咽峽炎**：會突然性發燒、嘔吐及咽峽部出現小水泡或潰瘍。（見附圖）
3. **嬰兒急性心肌炎**：會突然呼吸困難、臉色蒼白、發紺、嘔吐。

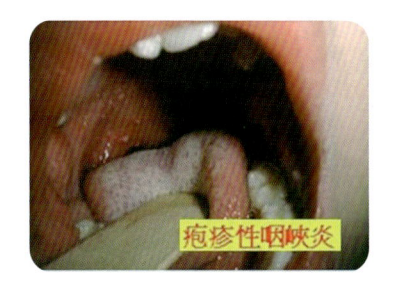

　　病狀剛開始，常會被誤以為是肺炎，但是接著會明顯<u>心跳加速過速甚至會每分鐘超過 200 下</u>，很快地會演變成<u>心臟衰竭</u>、休克、甚至死亡。

(六) 腸病毒消毒方式包括以下三種

1. **煮沸消毒**（攝氏 56 度以上熱水即可殺死腸病毒）
2. **利用日曬中的紫外線消毒**

　★用市售含氯漂白水（5%）做居家環境消毒，75% 酒精『無法』殺死腸病毒！市售漂白水濃度為 5%，環境消毒為『1:100』稀釋，即使用 500 PPM（0.05%）濃度之漂白水來做環境消毒。

> ・泡法：
> 　將 100 c.c 漂白水加入 10 公升清水中，相當於白色塑膠免洗湯匙 5 瓢 + 8 瓶「大瓶」寶特瓶清水

★消毒被分泌物或排泄物汙染之物品或桌面，建議『1:50』稀釋，即使用 1,000 PPM（0.1%）濃度之漂白水來消毒。

> ・泡法：
> 　將 200 c.c 漂白水加入 10 公升清水中，相當於白色塑膠免洗湯匙 10 瓢 + 8 瓶「大瓶」寶特瓶清水
> 　★白色免洗湯匙一瓢約 20 c.c，大瓶寶特瓶一瓶約 1,250 c.c。
> 　★使用漂白水時應戴防水手套並注意安全。

(七) 腸病毒患者之處理與治療

1. 大多數症狀輕微，7 到 10 天可自然痊癒。

2. 無特殊之治療方式，醫師大多給予減輕病狀之支持性療法。

3. 小心處理病患之排泄物（糞便、口鼻分泌物），處理完必須立即洗手。

4. 多補充水分，多休息，學童儘量請假在家，自我居家隔離避免傳染給同學。

5. 特別注意重症前兆病徵，如嗜睡、持續性嘔吐、抽搐等。

> ・重症腸病毒立即就醫原則（333 原則）：
> 3 歲以下 + 連續 3 天發燒 + 連續 3 天症狀：抽搐或嘔吐或嗜睡

(八) 患者的飲食

1. 患者食器應分開處理並且消毒。

2. 多補充水分。

3. 為防止患者脫水或體力不繼影響其復原程度，飲食之選擇以「溫涼」「軟質」類為主，避免「過燙」或「辛辣刺激」類食物。
　★流質、涼軟的食物包括冰淇淋、果凍、布丁、仙草、運動飲料、果汁。

(九) 一般民眾如何預防腸病毒

1. 養成勤洗手的好習慣。

2. 玩具常清洗，不放口裡咬。

3. 避免到擁擠的公共場所被傳染。

4. 生病時儘早就醫，請假在家自我隔離多休息。

5. 注意家裡的清潔與通風。

6. 抱小孩之前要洗手，大人小孩都要注意衛生。

八、認識腸病毒

Dr.Chen 門診問答 常見 Q&A

Q1 重症腸病毒送醫原則
A1 333 原則（3 歲以下 + 連續 3 天發燒 + 連續 3 天症狀：抽搐或嘔吐或嗜睡）

Q2 腸病毒重症的發生率很高嗎？
A2 很低。『8千至一萬』個感染患者，才有『一個』演變成腸病毒重病。

Q3 腸病毒的致死率很高嗎？
A3 很低，幾乎 99.9% 以上患者都會沒事。

Q4 腸病毒有特效藥嗎？
A4 沒有，腸病毒『沒有』特效藥，也『沒有』疫苗可預防。

Q5 可以用 75% 酒精殺死腸病毒嗎？
A5 不可以。因為腸病毒沒有脂質的外殼，所以沒有辦法用親脂性的消毒劑（例如：酒精）來殺死腸病毒。

Q6 如何用市售漂白水環境消毒？
A6 環境消毒為『1：100』稀釋，即使用 500 PPM（0.05%）濃度之漂白水來做環境消毒。

Q7 如何用市售漂白水消毒被患者嘔吐物汙染的物品？
A7 『1：50』稀釋，即使用 1,000 PPM（0.1%）濃度之漂白水來消毒。

Q8 最容易引起嚴重中樞神經症狀的腸病毒血清型別為何？
A8 腸病毒『71』型

Q9 何謂肌躍式抽搐？
A9 肌躍型抽搐（類似驚嚇的全身性肢體抽動）（myoclonic jerks）是和腸病毒有關的抽筋現象，是因為患者的腦部或是中樞神經被腸病毒侵襲的結果，患者會有全身性不自主的抽搐，且抽搐過後，會全身痠痛。

九、寶寶有臍帶繞頸，怎麼辦？

臍帶繞頸，常常造成孕婦莫名地恐慌。常常在門診中被焦急的準媽咪詢問她的小 Baby 現在有沒有臍帶繞頸，彷彿小 Baby 只要有臍帶繞頸，就註定會有立即的生命危險！其實在 100 個出生嬰兒中，大約有 25 個小 Baby 會有一圈的臍帶繞頸，但絕大部分都無事！

但為何準媽媽們會如此焦急恐慌呢？我想背後隱藏的胎盤剝離併發症是主因！大家可以想像「胎兒－臍帶－胎盤」三者的關係如同「小孩－線－風箏」。當小 Baby 被臍帶（風箏線）勒住時，小 Baby 會拚命掙扎求活命。死命掙扎的結果就可能把胎盤（風箏）往下拉扯，造成胎盤剝離；此時孕媽咪肚子會有：木板僵硬般的持續性劇烈腹痛（即孕媽咪肚皮摸起來硬梆梆的）。

胎盤剝離的結果，除了造成胎死腹中外，母親也會因：

1. 大量內出血而引發休克，甚至死亡。
2. 母親耗盡體內所有凝血因子後，會造成血液無法凝固止血而引起血崩。

因此，再次提醒所有的準媽媽，當您的小 Baby 有臍帶繞頸時，先不用過度恐慌，記得要注意胎動、子宮張力和下腹疼痛情形。

一旦出現過度頻繁的連續胎動後,突然胎動消失,縱使準媽媽們：

1. 喝了大杯冰果汁後（約 300 cc 等同 3 瓶養樂多）。
2. 輕拍晃動肚子後
3. 到安靜的房間關閉電燈＋眼睛閉起來＋左側躺＋大口深且長的呼吸 2 小時後，都感受不到胎動，就要立刻就醫讓醫師評估。因為胎盤剝離有可能已經悄然發生！

九、寶寶有臍帶繞頸，怎麼辦？

小叮嚀

・寶寶若發現有臍帶繞頸，產婦須注意以下事項：

1. 務必觀察寶寶胎動：
只要明顯感覺到胎動比前一天少，或 12 小時內少於 10 次或沒有感覺到胎動，就建議跑一趟醫院比較保險喔！此外，除了胎動次數明顯減少之外，如果胎動突然劇烈、頻繁起來，也建議媽咪到醫院檢查一趟，雖然不一定是缺氧所造成，但也可能是其他因素所造成的胎動異常。

2. 定期產檢：
可以每隔 3 天回診看臍帶是否解開，也可增加胎心音監測檢查來了解目前胎兒活動狀況，若媽媽十分擔心可每天回診測量胎心音。

3. 勿劇烈運動，媽咪可適當運動，比如散步、游泳、做孕婦伸展體操等，但儘量不要做劇烈運動，或者是猛然間變換體位，以免造成胎動過於頻繁加劇臍帶纏繞的程度。

4. 與您的醫師商量生產的方式：
懷孕滿 37 週的孕婦，可以考慮提早催生或自費剖腹產。

　　以下是幾張胎兒臍帶繞頸及繞手腳的 4D 立體超音波圖像，希望在超音波影像日益精進的現代，能更早期診斷出臍帶繞頸，儘早提供適當地醫療衛教。

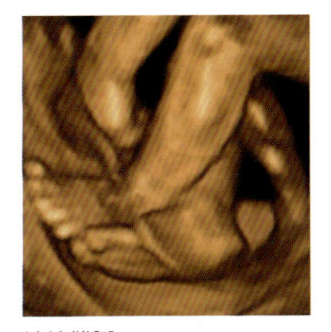

纏繞雙腳

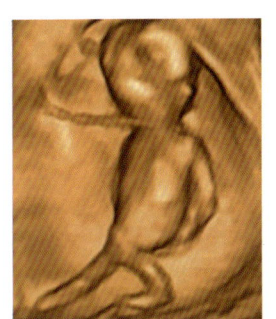

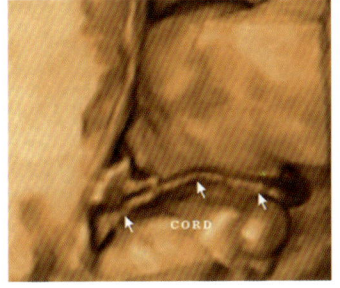

臍帶以領帶交叉在胎兒脖子

胎兒正推開臍帶

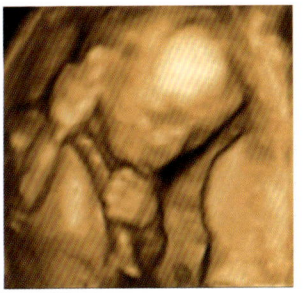

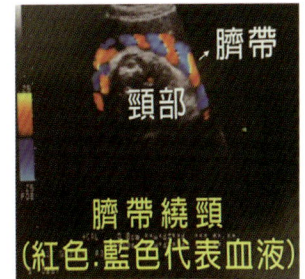

臍帶繞頸
(紅色.藍色代表血液)

87

Part 2 懷孕期間自我照顧及注意事項

Dr.Chen 門診問答　常見 Q&A

Q1
A1 臍帶有多長？
臍帶會隨著週數增加而增長
- 出生時的臍帶平均 55 公分長
- 20 週時臍帶平均長度約 22 公分長
- 20 週之後每週增長約 1.5 公分

> 小叮嚀
> 1. 臍帶大約在胚胎 8 週時，已經接軌至母體內子宮壁上了。
> 2. 胎位不正的孕婦最怕破水後造成「臍帶脫垂」至產婦陰道內造成胎兒缺氧。

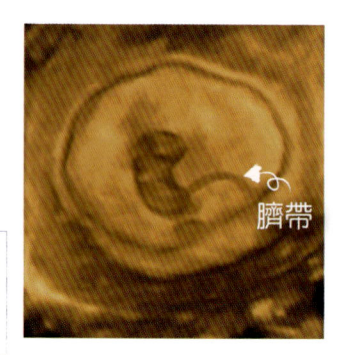

臍帶

Q2
A2 超音波下可以明顯看到寶寶蠕動，最早大概是幾週可看到？
8 至 9 週時，即可看見寶寶在羊水裡蠕動。

Q3
A3 超音波下可以明顯看到寶寶的手腳揮動，大概是在幾週大可看到？
12 週左右

Q4
A4 超音波下最早大約在幾週可以判定寶寶的性別？
14 週

Q5
A5 一百個新生兒當中大概有幾位有臍帶繞頸一圈 / 二圈 / 三圈的現象？
「25個」繞一圈（25%）；「2個半」繞二圈（2.5%）；「半個」繞三圈（0.5%）。

Q6
A6 男性寶寶睪丸大概在幾週後會掉入陰囊？
28 週以後睪丸已經掉入陰囊，就不會有隱睪症。

十、認識胎動的計算

　　婦女在懷孕期間，每天最重要的事情就是要留意並計數胎兒在母體腹中的活動情況。這叫做"胎兒腹中踢動計算"或叫做"胎動計算"。這種計算應該每天最少做一次，而且在胎兒最活躍的時候去做這"計算"的。計算時請依下列步驟進行：

- 每天當您在進食後，有感覺到胎兒在體內移動時，請您馬上記下時間，並記錄胎動的次數。
- 在下一小時內，您要清楚地感覺到胎兒有移動或踢動 ≥ 四次。
- 若在預定時間內，胎動已達四次，您便可以停止該日的計算了。

> **實例指導：**
> 孕婦可以在一天當中選擇吃飯吃最久的那一餐來計數胎動。比如說：晚上 7 點鐘坐在餐桌前『開始』吃第一口飯，若大約在 7:15 p.m. 有感覺到『第一次』胎動，那在接下來的『一個小時內』，亦即 7:15 ~ 8:15 p.m.，胎動至少要大於等於『4 次』，才算正常喔！

- 但若在預定時間 (7:15 ~ 8:15 p.m.) 內，寶寶的胎動次數仍然少於四次的話，孕媽咪就應該立刻跟您的醫生或醫院連絡。
- 媽媽胎動的感覺如下：像大滾輪在肚子滾動、有拉扯肚臍的感覺、像腸子有氣在跑、點肚皮、跳動感、打拳擊、滑動、打鼓、蠕動、肚皮跳、肚皮抽筋、抽痛、小魚在跳躍、咚咚敲肚皮、像蝴蝶翅膀拍動肚皮……等。

Part 2 懷孕期間自我照顧及注意事項

Dr.Chen 門診問答 常見 Q&A

Q1 統計結果，一天當中什麼時候胎動最明顯？
A1 孕婦進食之後及晚上 21:00~凌晨 01:00 胎動最明顯

Q2 初產婦什麼時候感覺有胎動？
A2 20 週左右

Q3 何謂"經"產婦？
A3 曾經生過超過 20 週以上的寶寶，產婦此次懷孕可能是第二胎或第三胎……等。

Q4 經產婦什麼時候感覺有胎動？
A4 16~18 週左右

Q5 懷孕過程當中，什麼週數胎動最明顯？為什麼？

32 週左右，因為羊水量在 32 週左右是最多，大約有 1,100 cc。

胎兒體重在 32 週約 2 千公克，肌肉發育已經相當有力量，此時子宮腔內的空間還很足夠可以讓胎兒自由地翻滾轉動，所以在 32 週左右胎動是最明顯的。

32 週時胎動總次數有 575 次，是最多的，所以此時胎動最明顯，過了 32 週之後胎動總次數會慢慢往下減少，到了預產期 40 週時的胎動總次數約 282 次和 20 週時胎動總次數 200 次相近，加上羊水量也逐漸減少，所以越接近預產期越要特別小心注意胎動。

胎動總次數：每天測12小時，連續測7天

十一、早期破水與早發性分娩

早期破水發生率佔所有生產數的 3~18%。因為破水所造成的不足月早產約有90%發生在破水後一週內，其中約 50% 發生於24小時以內。

早發性分娩又稱早產，早產佔所有懷孕的 8~10%，但卻佔新生兒死亡的 80%。

定義：

1. **早期破水**（Premature Rupture of the Membranes；PROM）
   早期破水的定義是指：孕婦滿37週（≧37週）以後，在進入生產陣痛之前，羊膜已經先自然破裂而造成羊水流出

2. **早發性早期破水**（Preterm Premature Rupture of the Membranes；PPROM）
   是指妊娠週數小於37週，胎膜已自然破裂而造成羊水流出。

   - 早期破水的真正原因不明，感染是最主要的因素
   - 孕婦破水時間越久，胎兒感染機率越高

破水後到胎兒出生前的感染機率

間隔時間	胎兒感染率
24小時內	3.5%
24-48小時	10%
超過72小時	40%

破水時，如何分辨是否需緊急醫療介入：

(1) 正常羊水：清澈的淡黃色，有微腥味。
(2) 胎便染色：綠色濃稠狀，若合併有胎兒窘迫情況，需立刻生產。
(3) 前置胎盤：鮮紅色（需緊急生產）。

(4)感染：強烈難聞腐臭味，表示子宮內有感染，需用注射型抗生素立刻治療並且儘快生產

如何診斷有破水現象

臨床上可用石蕊試紙是否有變色來檢測（Nitrazine test）

正常羊水是弱鹼性pH值約在7~7.5，接觸石蕊試紙後，原本黃色石蕊試紙若變藍綠色，表示有破水現象。

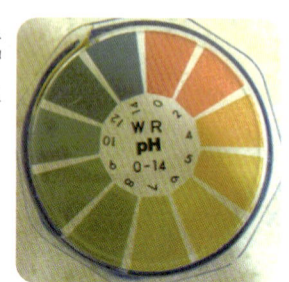

早期破水的懷孕週數會對胎兒存活率影響深遠

週數	存活率及醫療處置
16-22週	存活率＜25%，可能需終止妊娠
22-24週	存活率高達90%，但早產兒併發症多
25-33週	使用安胎藥+抗生素+類固醇治療
34-37週	肺部較成熟，可以先安胎，如果已經進入產程，就直接生產
足月（滿37週）	儘早讓胎兒娩出，以免破水時間太久增加胎兒感染。

早期破水的孕婦，在住院中該注意的事項

- 絕對臥床休息，抬高床尾，並採左側臥來增加子宮胎兒間血液灌流量
- 妊娠週數＜35週，且先露部位未固定，可採垂頭仰臥式，避免臍帶脫垂（如附圖）
- 注意是否有感染症狀（例如孕婦發燒攝氏38度C以上）
- 監測宮縮、胎心音的狀況
- 觀察羊水性質
- 減少內診次數，避免感染

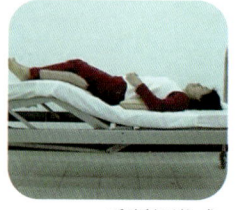

垂頭仰臥式

早發性分娩（又稱：早產）

定義：

- 超過20週但在37週前出生的寶寶稱為早產兒
- 出生體重低於 2,500 公克稱為低體重兒
- 出生體重低於 1,500 公克者稱為極低體重兒

哪些是早產徵象？

- 像月經來時的腹痛及腫脹感
- 持續有規律性的下背痠痛、腰痠或嘔吐
- 陰道分泌物增加可能夾雜紅色血絲
- 腹部有下墜感
- 陰道流出清澈透明沒有尿味的水漾液體（有可能是羊水）

哪些不良生活習慣會引發早產，需儘量避免？

- 營養狀況不良
- 抽煙、喝酒
- 使用成癮藥物
- 工作過度勞累
- 衛生習慣不良
- 情緒焦躁不安
- 貧血

懷孕前哪些危險因子會引發早產？

- 懷孕年齡小於18歲或大於40歲
- 子宮有出血病史
- 曾經生過早產兒
- 在妊娠37週前曾經有過早產跡象並且做過安胎治療
- 子宮接受過手術（如人工流產、子宮肌瘤切除……等）。
- 有子宮頸閉鎖不全（如附圖）的病史

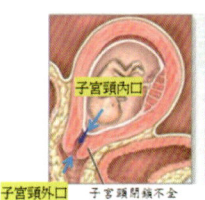

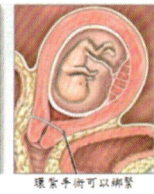

懷孕中哪些危險因子會引發早產？

- 感染（最主要因子）、發燒、感冒
- 妊娠毒血症
- 多胞胎
- 前置胎盤、胎盤早期剝離
- 早期破水、羊水過多或過少
- 妊娠37週前曾經有產前出血現象

門診最常見的兩種口服安胎藥的使用介紹

1. Ritodrine（Yutopar） 
   - 作用：子宮平滑肌鬆弛劑，可以抑制子宮收縮。
   - 副作用：

     母體：手抖、心跳加快、胸悶心悸、頭痛、噁心嘔吐、呼吸困難。

     ★若出現心悸手抖現象請減半藥量

     胎兒：胎心音加快及變異性增加。
   - 使用禁忌：心臟疾病、糖尿病、甲狀腺功能不全者。
   - 使用方式：口服

2. Nifedipine（Adalat） 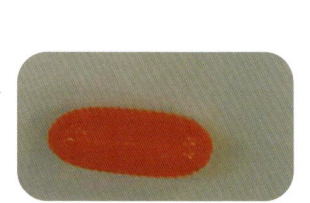
   - 作用：鈣離子阻斷劑，可以鬆弛子宮平滑肌來抑制子宮收縮。
   - 副作用：頭暈、頭痛、噁心、臉發熱、心跳加快。
   - 使用方式：舌下給予或口服，之後每隔20分鐘可再給予一次，臨床經驗上來說「2小時」最多可用到6顆。

> **小叮嚀**
>
> ★Nifedipline (Adalat)
>
> 雖然是一種降血壓劑。但在婦產科主要做為安胎藥,可以緩解孕婦子宮早期收縮造成的下腹痙攣、漲痛、腰痠及便意感。
>
> 當孕婦有以下情況:
>
> 於半小時內,子宮收縮超過3次並且臥床平躺休息後沒有改善,就開始使用 adalat。
>
> 使用方法:
>
> 1. 將膠囊含在嘴中到變軟後,用牙齒咬破或將膠囊刺幾個小洞,含在舌下,讓體內快速吸收。
> 2. 若過20分鐘後,依然宮縮不舒服,可用同樣的方法再含第2顆藥。
> 3. 若第2顆藥吸收後20分鐘,孕婦依然還是宮縮不舒服,請再含第3顆藥。
> 4. 若含完第3顆藥後20分鐘,子宮依然宮縮不舒服,請儘速到醫院讓醫師為您做檢查。
>
> ※服用此藥後孕婦可能會有頭痛、頭暈、臉發熱、噁心……等的不舒服情形,請毋須擔心

如何在懷孕前做好避免早產的預防措施

- 戒菸、戒酒、避免非必要用藥(藥物分級中 A.B.C 安全但 D.X 為懷孕禁忌)
- 改善營養狀況及衛生習慣
- 避免工作過勞
- 保持心情愉快
- 儘量在適當年齡懷孕
- 避免生殖系統之傷害如感染、人工流產等

> **貼心叮嚀**
>
> 有時候孕婦子宮收縮會以「嘔吐」或者是一陣陣的「噁心感」來表現,因此懷孕中、後期的嘔吐和噁心感還是建議就醫診療唷!

如何在懷孕中做好避免早產的預防措施

- 確實做好產前檢查
- 平時多休息、少出力氣、避免提重物
- 注意飲食健康
- 發現早產徵象須立即就醫

★ 越早發現早產徵象，越早就醫診治，安胎成功的機會就越大

Dr.Chen 門診問答　常見 Q&A

Q1 新生兒出生時的週數與新生兒發生胎便吸入的比率為何？

A1

早產兒	小於 5%
懷孕週數大於38週	佔 10%
懷孕週數大於42週	佔 22%
懷孕週數大於44週	佔 44%

Q2 羊水大部分是寶寶的尿液，是不是週數越大羊水量就越多？

A2 不是。羊水在32週時會達到最高峰約1,100c.c.左右，過了32週之後羊水量會慢慢降低減少

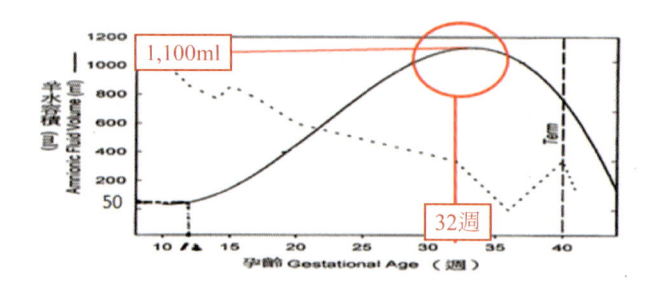

十一、早期破水與早發性分娩

Q3
A3
何謂早期破水（Premature Rupture of the Membranes；PROM）
孕婦滿37週（≧ 37週）以後，在進入生產陣痛之前，羊膜已經先自然破裂而造成羊水流出

Q4
A4
何謂早發性早期破水（Preterm Premature Rupture of the Membranes；PPROM）
是指妊娠週數小於37週，胎膜已自然破裂而造成羊水流出。

Q5
A5
給予可能早產的孕婦肌肉注射 Betamethasone 或者 Dexamethasone 的目的，是為了預防胎兒發生下列疾病？
呼吸窘迫症候群（Respiratory Distress Syndrome：RDS）

> 小叮嚀：Dexamethasone（Decadron）是一種腎上腺皮質類固醇它的作用是在促進胎兒肺部成熟，可以降低早產兒呼吸窘迫症候群的發生

Q6
A6
具有早產之高危險性孕婦，平常應注意哪些早產徵象？
- 像月經來時的腹痛及腫脹感
- 持續有規律性的下背痠痛、腰痠或嘔吐
- 陰道分泌物增加可能夾雜紅色血絲
- 腹部有下墜感
- 陰道流出清澈透明沒有尿味的水漾液體（有可能是羊水）

Q7
A7
孕婦「口服」安胎藥 Ritodrine（Yutopar）會有哪些不適？
手抖、心跳加快、胸悶心悸、頭痛、噁心嘔吐、呼吸困難

Q8
A8
孕婦「舌下」快速吸收 Nifedipine（Adalat）會有哪些不適？
頭暈、頭痛、噁心、臉發熱、心跳加快。

Q9
A9
哪些是早產的高危險群：
工作太勞累、心情焦慮暴躁、妊娠毒血症、抽菸喝酒、胎兒染色體異常、感染、發燒、34歲以上的孕婦。

Q10
A10
僅有一次早產經驗的媽咪，這一胎有早產的機率為何？
15 %

Q11
A11
已經有早產2次經驗的媽咪，這一胎有早產的機率為何？
32 %

97

十二、產前出血──認識前置胎盤與胎盤早期剝離

前置胎盤與胎盤早期剝離臨床表徵看似相同，但又不盡相同，往往讓人分不清，茲就臨床經驗分述如下：

前置胎盤（Placenta Previa）

定義：胎盤著床於子宮下段靠近子宮頸內口處

發生率：約為 1/200，下次懷孕的復發率為 4~8 %。

危險因子：
- 多胞胎妊娠的前置胎盤發生率比單胎懷孕高出2倍。
- 孕婦有抽菸
- 孕婦曾有前置胎盤之病史
- 孕婦前次是剖腹產或人工流產的前置胎盤發生率為 3.9 %
- 高齡：＞35歲發生率為 1/100
　　　　＞40歲則為 1/50

症狀：
- 常發生於7個月（28週）以後
- 主要症狀為無痛性鮮紅色陰道出血
- 胎位不正機會增加，大多為臀位或橫位

分類：
- 完全性前置胎盤（Complete or Total Placenta Previa）
  完全覆蓋子宮頸內口
- 部份性前置胎盤（Partial Placenta Previa）
  胎盤覆蓋著部份子宮頸內口
- 邊緣性前置胎盤（Marginal Placenta Previa）
  胎盤邊緣角位於子宮頸內口邊緣

- 低位性前置胎盤（Low- lying or Lateral Placenta Previa）
  胎盤的邊緣在子宮下段，尚未到達子宮頸內口，且距子宮頸內口小於2公分以內

> 小叮嚀：若胎盤邊緣距離子宮頸內口超過2公分以上，就不屬於前置胎盤

子宮頸	胎盤	對照表	完全性	部份性	邊緣性	低位性
🟢	🟠		🟠	🟠🟢	🟠🟢	🟢

胎盤早期剝離（Abruptio placenta）

定義：胎盤原本位於正常位置，但20週後胎兒未娩出前，胎盤即與子宮壁分離的現象

發生率：2/1,000～24/1,000，有25％的胎兒會死亡，其死亡原因50％以上是因為早產。存活嬰兒有14％會有神經系統缺陷或後遺症。

> 小叮嚀：早產兒的併發症有：腦性麻痺／腦室出血／視網膜病變／肺部發育不良…等

胎盤早期剝離危險因子	
高危險患者	導因
受到創傷：車禍、跌倒	撞擊力過大
羊水過多、多胎妊娠	子宮內壓力過高
人工破水	子宮內的突發性減壓
高血壓性疾病、子癲前症	子宮動脈血管擴張不佳
其他	胎盤異常、臍帶過短、葉酸缺乏

Part 2 懷孕期間自我照顧及注意事項

> **小叮嚀**
> 子癲前症 (preeclampsia) 會導致寶寶發育不良，因為隨著懷孕週數增加，子宮動脈血管的管徑只要相差一倍，所產生的血流量差異就會高達16倍；若懷孕過程中胎盤無法提供胎兒成長過程所需的大量血液供應，就容易造成胎兒生長遲滯、早產甚至死胎

症狀：

- 暗紅色陰道出血
- 下腹持續有像急性腸胃炎拉肚子似的絞痛
- 高張力的子宮摸起來像木板似的硬梆梆而且下腹部有反彈痛
- 無法摸出胎兒的位置和形狀 (因為媽媽肚子硬梆梆的)
- 胎盤剝離範圍如過於廣泛，會造成胎心音消失，胎兒死亡率25％
- 孕婦會發生瀰漫性血管內凝血不全，會出血不止
- 子宮呈現『庫非勒子宮 』（ Couvelaire uterus ）。

> **小叮嚀**
> 何謂庫非勒子宮
> 血液蓄積於胎盤與子宮壁間，形成血塊導致壓迫子宮肌層，造成子宮收縮不良，腹部觸診呈木板狀僵硬，而子宮顏色為深藍或紫色，就稱為庫非勒子宮（ Couvelaire uterus ）。

胎盤剝離的臨床分類

中央性 (Central or Concealed Hemorrhage)	邊緣性 (Marginal or Apparent Hemorrhage)	完全性 (Complete Separation)
隱匿性出血	明顯開放式出血	隱匿性出血 合併明顯開放性出血

100

胎盤剝離的併發症

1. 孕婦失血量若超過全身血量的25%，會造成休克，孕婦死亡率6%、胎兒死亡率 20-40 %
2. 孕婦失血過多結果會造成腦部血液灌流不足引發孕婦腦下垂體前葉壞死這種現象就稱為Sheehan`s syndrome
3. 孕婦耗盡全身凝血因子之後會引發孕婦全身瀰漫性血管內凝血不全（DIC）
4. 庫非勒子宮

臨床上如何區分懷孕末期的產前出血：

	前置胎盤	胎盤早期剝離
胎盤位置	位於子宮頸內口	位於子宮上半段
症狀開始	約妊娠七個月時	突發性
出血情形	無痛性出血呈鮮紅色	先內出血再外出血呈暗紅色
子宮張力	柔軟	如木板僵硬
子宮壓痛	無	持續尖銳性下腹疼痛
胎位不正	有（橫位、臀位）	較少
胎心音	可聽到胎心音	有或無胎心音（晚期減速）
合併症	較少	庫非勒子宮、DIC

Part 2 懷孕期間自我照顧及注意事項

Dr.Chen 門診問答　常見 Q&A

Q1 何謂庫非勒子宮（Couvelaire uterus）

A1 胎盤早期剝離持續出血結果，會引起血液蓄積於胎盤與子宮壁間，造成的血塊會滲透至子宮肌肉層，形成一個堅硬、木板似的子宮，子宮會收縮不良甚至無法收縮，此時子宮會呈現深藍或紫色，就稱為庫非勒子宮（Couvelaire uterus）。

Q2 前置胎盤會造成胎兒傾向何種胎位

A2 臀位或橫位

Q3 前置胎盤會造成何種形式的產前出血

A3 無痛性鮮紅色陰道出血，孕婦肚子摸起來是柔軟的，不是硬梆梆

Q4 胎盤剝離會造成何種形式的產前出血

A4 持續性疼痛的暗紅色陰道出血

Q5 胎盤剝離發生後孕婦下腹部有哪些徵象

A5
1. 突發性且持續性腹部疼痛
2. 子宮有壓痛強直現象，孕婦肚子摸起來像木板僵硬般的硬梆梆且孕婦腹部有反彈痛

Q6 胎兒出生時約三公斤，則胎盤的重量大約多少？

A6 胎盤重量約胎兒出生體重的 1/5 ～ 1/6 倍；所以若胎兒出生體重約三公斤，則胎盤重量約 500 ～ 600 公克

十三、認識產兆(什麼狀況須入院待產)

(一)陰道出血

　　俗稱為落紅，是進入產程的前驅症狀，孕婦會發現有混雜著紅色或褐色的黏稠狀分泌物，自陰道排出。表示子宮頸已經開始成熟軟化慢慢在擴張了！

(二)破水

　　像尿失禁或水龍頭漏水一樣有無色、透明清澈、有點腥味、鹼性液體自陰道無法控制的持續排出。羊水不會立刻完全流乾，因為胎兒會持續製造出羊水，所以準媽咪破水當下並不需要過度驚慌；但是破水容易使陰道和子宮頸口附近的細菌進入子宮，造成母親和胎兒的感染，同時胎兒臍帶也可能被羊水往陰道衝出造成臍帶脫垂，導致急性胎兒窘迫缺氧（注意：胎位不正的臍帶脫出風險會明顯增高許多），所以孕婦一旦出現了破水狀況,應該要趕快就醫。至於破水的時機會因人而異，有的是快生時才破水；有的是陣痛後不久才破水；也有少數孕婦未陣痛就破水了！

(三)陣痛

　　真陣痛：收縮的頻率會變得緊密而有規則性，收縮的強度慢慢增加，即使改變姿勢或躺下來休息，收縮情形仍然活躍不已。不適感從整個腹部逐漸延伸到背的四周，後腰也開始痠了起來；它會造成子宮頸逐漸擴張和變薄且孕媽咪不會因走動或休息而減輕這種規則陣痛。如果是初產婦每隔3分鐘陣痛一次合併有落紅且持續30分鐘-1小時以上，就可以到醫院待產；經產婦（有生產過滿20週以上胎兒經驗的孕婦）則是子宮開始有了規則性收縮，每5分鐘到7分鐘收縮一次，就可以到醫院待產。

> **增長知識**　子宮頸還沒有成熟的時候摸起來就像我們的「鼻尖」那樣的堅實Q彈，慢慢的會因為子宮規則收縮而成熟到像「耳垂」那樣的半柔軟，最後完全成熟到像我們的「嘴唇」那樣的柔軟後，子宮頸才會擴張唷！

分別真陣痛及假性陣痛，區別如下：

假陣痛	真陣痛
不規則性收縮	有規則性，孕婦每3-5分鐘 有痛覺持續30秒以上
走動後可減輕疼痛	不會因走動或躺下來休息減輕疼痛
疼痛侷限在下腹部、腹股溝	疼痛在整個腹部、背部、特別是尾骨處
子宮頸沒有擴張和變薄	子宮頸因子宮規則收縮而同時擴張和變薄

(四)馬上要來醫院檢查的高危險妊娠徵兆

- 陰道大量出血 (一小時就浸濕一片衛生棉墊)。
- 全身性的水腫，孕婦一週內體重增加 2.3公斤 (2,300公克) 以上
- 持續頭痛、視力模糊、視野變暗、飛蚊症。(懷疑妊娠毒血症)
- 胎動減少。(如12小時內胎動小於3次，或沒有胎動出現)
- 持續強烈的下腹疼痛。(整個肚子硬梆梆的，懷疑胎盤早期剝離)
- 有便意感且肛門不自主地想用力。

小叮嚀
初產婦的子宮頸要先「成熟軟化後」才會「擴張」
經產婦的子宮頸要同時「成熟軟化」和「擴張」

小叮嚀 高位破水和低位破水的區分。

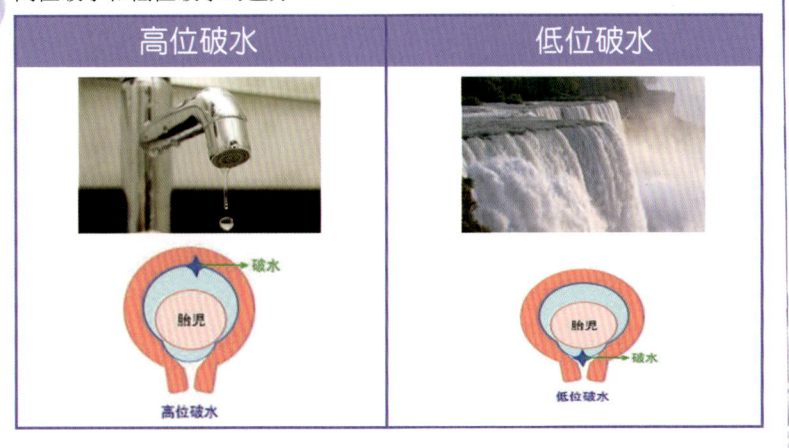

高位破水　　　　　　低位破水

十三、認識產兆(什麼狀況須入院待產)

Dr.Chen 門診問答　常見 Q&A

Q1 何謂產兆
A1 落紅、破水、規則陣痛

Q2 何謂規則陣痛
A2 每三分鐘痛一次且子宮收縮的強度超過 50 mmhg（毫米汞柱）以上

Q3 初產婦待產時機為何
A3 每隔3分鐘陣痛一次合併有落紅且持續 30分鐘-1小時 以上，就可以到醫院待產

Q4 經產婦待產時機為何
A4 經產婦（有生產過滿20周以上胎兒經驗的孕婦）則是子宮開始有了規則性收縮，每5分鐘到7分鐘收縮一次，就可以到醫院待產。

Q5 正常的羊水何種顏色？PH值為何？
A5 無色、透明清澈、有點腥味。PH值 7.5 - 8.5 屬於弱鹼性

Q6 中性石蕊試紙是何種顏色
A6 黃色

Q7 中性石蕊試紙接觸羊水後呈現何種顏色
A7 藍色或綠色

十四、認識自然產四產程過程及自我照顧要點

(一)待產時刻到了

1.何謂產兆？(什麼狀況須入院待產)
　　落紅、陣痛、破水

2.落紅
- 生產前孕婦子宮頸口的變化
- 會出現混雜著鮮紅色或褐色的黏液狀分泌物

3.肚子常常痛，為什麼還不生？

	真陣痛	假陣痛
宮縮型態	有規則性，約3-5分鐘一次	無規則性
收縮間隔	漸漸縮短	不會縮短
收縮強度	漸漸增加	不改變
對止痛劑的反應	沒有效果	有效果
不適情況	痛會延伸到背部、尾骶骨	侷限在下腹部
子宮頸變化	子宮頸持續變薄與擴張並伴隨著鮮血	子宮頸無明顯改變

> **小叮嚀**
> ※子宮頸的變薄與擴張
> 初產婦：分娩開始後，子宮頸先完全變薄後才開始擴張。
> 經產婦：分娩開始後，子宮頸的變薄與擴張同時進行。

4.破水
　　像尿失禁似突然有水狀物無法控制的由陰道排出（破水要立即到院）

※破水時，如何分辨是否需緊急醫療介入：

(1)正常羊水：清澈的淡黃色，有微腥味。

(2)胎便染色：綠色濃稠狀，若合併有胎兒窘迫情況，需立刻生產。

(3)前置胎盤：鮮紅色（需緊急生產）。

(4)感染：強烈難聞腐臭味，表示子宮內有感染，需用注射型抗生素立刻治療並且儘快生產

(二)自然產第一產程

規則陣痛到子宮頸全開＝五指＝10公分，每人所需時間不一定

醫療措施

- 測量生命徵象
- 須定時排空膀胱，約 2~4 小時解一次尿
- 裝置胎兒監視器
- 利用呼吸技巧緩解陣痛，例如：腹式呼吸法
- 觀察使用之藥物的作用與副作用
- 觀察有無破水，正常為淡黃色、微腥味；綠色濃稠則表示有胎便染色
- 觀察陰道出血量
- 子宮收縮後若仍持續有便意感,表示已接近第二產程

(三)自然產第二產程

子宮頸全開到胎兒娩出（切記：進入產房生產時，務必要幫產婦「導尿」排空膀胱及「給予氧氣」）

醫療措施

- 進入產房讓產婦採截時臥位、給予會陰部消毒和剃毛且監測胎心音測量生命徵象
- 須用導尿管排空膀胱
- 教導產婦宮縮時要做閉氣用力運動，沒有宮縮時就放鬆放軟身體

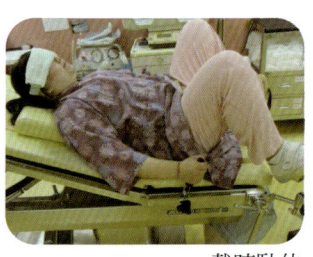

截時臥位

(四)自然產第三產程

寶寶出生到胎盤娩出（胎盤一般會在胎兒娩出後的數分鐘至30分鐘內自然排出）

醫療措施

- 協助環型（順時針/逆時針皆可以）按摩子宮減少產後出血
- 胎盤娩出後做哈氣動作，不需再用力
- 檢查胎盤是否正常與完整
- 監測生命徵象
- 給予收縮劑
- 協助產台哺餵母乳,促進親子關係建立
- 進行會陰沖洗

(五)自然產第四產程

生產後1~4小時，恢復室觀察（可立即進食）

醫療措施

- 監測生命徵象及宮縮情況
- 評估惡露量及 4~6 小時內解尿情形

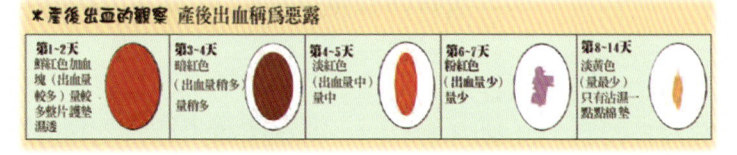

※產後出血的觀察　產後出血稱為惡露

第1-2天	第3-4天	第4-5天	第6-7天	第8-14天
鮮紅色加血塊（出血量較多多整片護墊濕透）	暗紅色（出血量稍多）	淡紅色（出血量中）	粉紅色（出血量少）	淡黃色（量最少）只有沾濕一點點棉墊

- 教導產婦子宮底按摩
- 提供暖被或熱飲來緩解孕婦寒顫情形
- 利用冰敷減輕會陰傷口疼痛
- 教導每 2~4 小時更換產褥墊，預防感染
- 教導漸進式下床,以預防姿態性低血壓
- 給予產後飲食指導
- 生產24小時後可行溫水坐浴,幫助會陰傷口癒合

十四、認識自然產四產程過程及自我照顧要點

Dr.Chen 門診問答
常見 Q&A

Q1 / A1
何謂第一產程？
規則性陣痛（每三到五分鐘子宮收縮一次）到子宮頸全開

Q2 / A2
何謂產兆？
落紅、陣痛、破水

Q3 / A3
正常羊水顏色？
淡黃色像尿液一樣

Q4 / A4
子宮頸全開是幾公分？
子宮頸全開＝五指＝10公分

Q5 / A5
初產婦一旦進入產程後，子宮頸如何變化
初產婦的子宮頸變化是先成熟軟化後，再開始擴張。

> 小叮嚀：子宮頸在未成熟軟化前摸起來像鼻尖般堅實Q彈，慢慢成熟軟化之後會變成像嘴唇般的柔軟才會開始擴張

Q6 / A6
經產婦一旦進入產程後，子宮頸如何變化
經產婦的子宮頸變化：成熟軟化及擴張同時進行

Q7 / A7
產婦「可以」自然產的條件有哪些呢？
胎兒不能太大（巨嬰為出生體重超過4公斤）、孕婦產道不能太窄（小）、待產時孕婦的子宮收縮力道要足夠（子宮壓力要超過50mmHg以上）、胎位要正（臀位無法陰道自然生產）、 胎兒本身要能夠承受的住子宮收縮的壓力而不會造成胎兒窘迫。

109

Q8 / A8

自然產與剖腹產之優缺點比較：

	自然產	剖腹產
優點	(1)只需局部麻醉劑 (2)產後可立即進食 (3)住院時間短 (4)產後恢復快 (5)併發症少 (6)胎兒肺部經產道時可被擠壓，有利胎兒建立良好呼吸功能 (7)可提早建立親子關係	(1)避免生產中的突發狀況 (2)可順便結紮 (3)對骨盆腔損傷較少 (4)不用經歷待產陣痛的痛苦
缺點	(1)要經歷產前陣痛的痛苦 (2)陰道生產過程中可能會有突發狀況 (3)陰道鬆弛 (4)骨盆腔／子宮／膀胱容易脫垂	(1)併發症多 (2)住院時間長 (3)未通過產道，不利於胎兒建立正常呼吸 (4)子宮在術後會留下疤痕 (5)傷口淤血/腸沾黏/器官損傷

十五、胎心率與子宮收縮的判讀

(一) 前言：

　　胎兒心跳會受到產婦健康、子宮收縮、胎盤功能與胎兒本身先天因素的影響,在臨床大多使用電子胎兒監測器來評估子宮收縮情形及胎心率,讓醫護人員得知產婦和胎兒目前狀況,給予最適當的措施。

(二) 胎心率型態：

　　用胎心率紀錄紙作判讀,本院目前使用每1分鐘跑1公分的跑紙速度來測胎心率。故一大欄位表示10分鐘的時間,每一小格代表30秒。

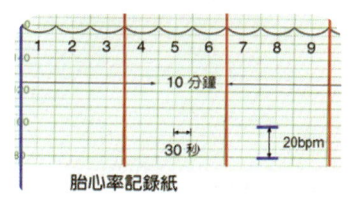

(三) 胎心率基準線（Fetal Heart Rate Baseline）

　　是胎兒心跳維持的基本範圍。在無宮縮或兩次宮縮之間,監測至少10分鐘以上的胎心率範圍,正常範圍120～160次/分鐘。

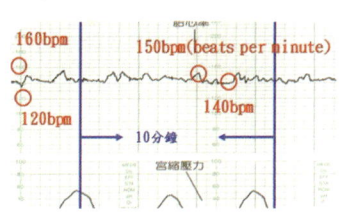

(四) 胎心律變異率（FHR Variability）

　　胎心率的曲線是經由交感神經與副交感神經交互作用、拮抗而造成,通常視為胎兒健康的重要指標。產婦與胎兒活動及子宮收縮都可能使胎心率變異性增加,但是只要胎心率基準線有 6~10 bpm 的變異性都是可以接受的。

胎心音變異性的種類

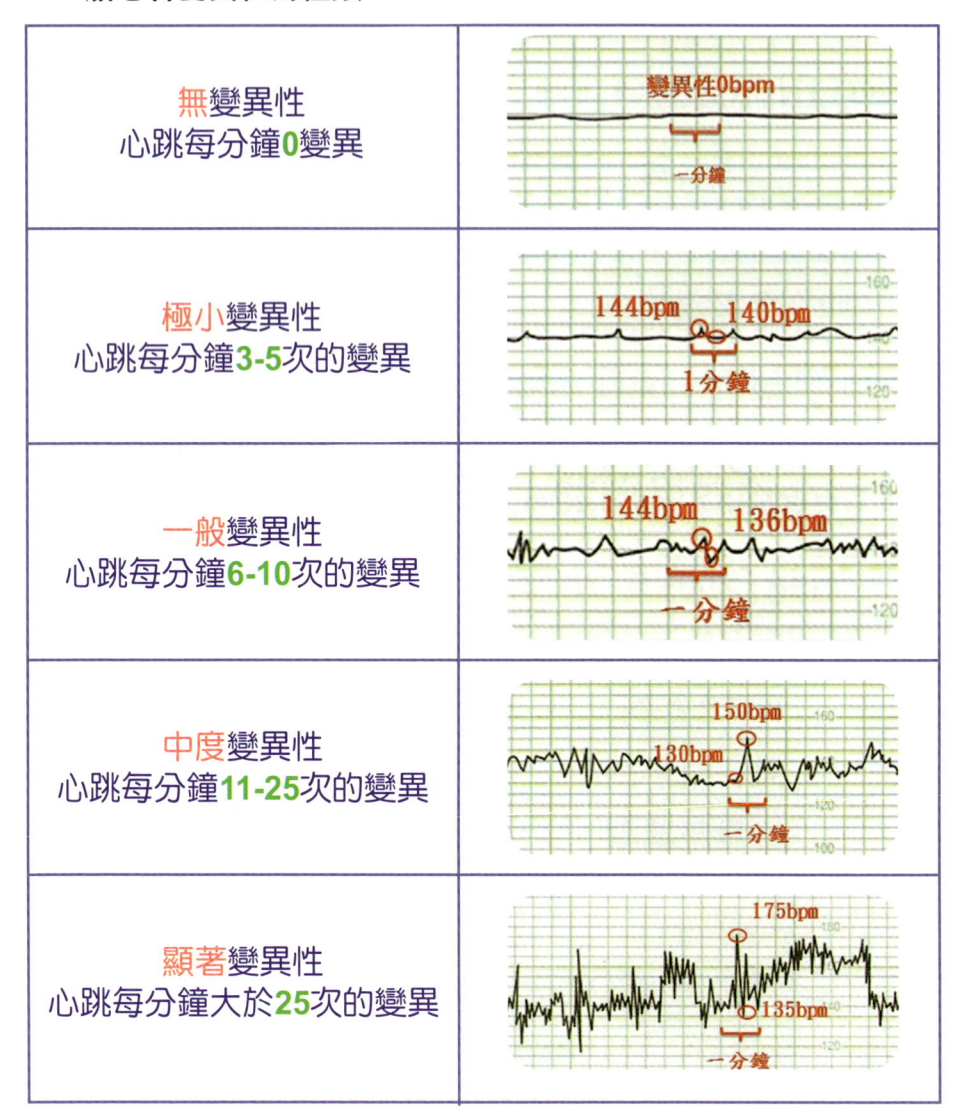

無變異性 心跳每分鐘**0**變異	變異性0bpm / 一分鐘
極小變異性 心跳每分鐘**3-5**次的變異	144bpm　140bpm / 1分鐘
一般變異性 心跳每分鐘**6-10**次的變異	144bpm　136bpm / 一分鐘
中度變異性 心跳每分鐘**11-25**次的變異	150bpm　130bpm / 一分鐘
顯著變異性 心跳每分鐘大於**25**次的變異	175bpm　135bpm / 一分鐘

(五)子宮收縮判讀

1.強度（Intensity）：

正常子宮靜止壓力為 0-15 mmHg

輕微子宮收縮壓力大約是 30 mmHg

強力子宮收縮則為 50 mmHg，是為有效宮縮。

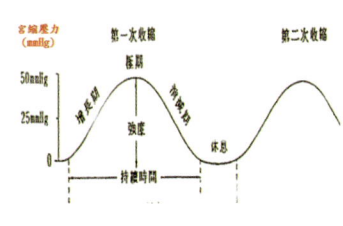

2.頻率（Frequency）：

第一次子宮收縮的開始到下次子宮收縮開始為止，以「分鐘」表示。

3.持續時間（Duration）：

指孕婦能自我感覺子宮在開始收縮一直到子宮完全鬆弛為止，以「秒鐘」表示。

(六)異常胎心率—心搏過速（Tachycardia）：

1. 定義：胎心率基準線高於160 bpm 且持續10分鐘以上。
   - 輕微心博過速：161-180 bpm
   - 嚴重心博過速：超過180 bpm 以上

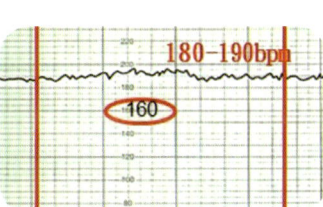

2. 導因：
   - 母體：發燒、脫水、感染、甲狀腺亢進、貧血。
   - 胎兒：早產、缺氧、感染、貧血。

3. 藥物：

   有服用到①抑制副交感神經讓心跳加快的Atropine類藥物、②刺激交感神經類藥物 ③子宮鬆弛劑（Yutopar）

4. 處置：

   測量體溫有無發燒（＞38℃）、補充水分、左側臥、給氧氣、確認用藥情形與產婦胎兒的健康狀況。

(七)異常胎心率—心搏過慢（Bradycardia）：

1. 定義：胎心率基準線低於 120 bpm 以下且持續10分鐘以上
   - 輕微心博過慢：100-119 bpm
   - 中度心博過慢：80-99 bpm
   - 重度心博過慢：低於 80 bpm

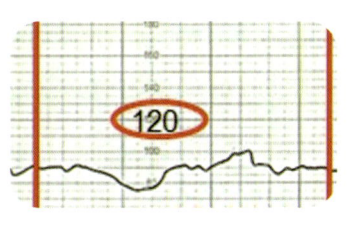

2.導因：
- 體溫或血壓過低、過度使用催產藥物、麻醉藥物使用不當。
- 胎兒：先天性心臟缺損、缺氧窘迫、臍帶長時間受壓迫、嚴重貧血。

3.處置：

停止使用催產藥物、補充水分、左側臥、給氧氣，中重度心搏過慢可能需執行緊急生產。

(八)胎心率週期性變化：

定義：

胎心率會隨著子宮收縮反覆出現同一類型的胎心率變化。胎心率基準線突然出現顯著增加或減少，稱為胎心率加速或減速。

(九)胎心律週期性變化—加速（FHR Acceleration）：

1.定義：

胎兒心跳突然增加 15 bpm 以上且持續 15-20秒，最常發生在產前、陣痛早期，而分娩期間的加速常見與胎兒運動有關。

子宮收縮後
胎兒心跳加快

← 子宮收縮

2.導因：

胎兒正在活動、胎兒被刺激或喚醒、聲音的刺激、子宮收縮、臍帶受壓迫。

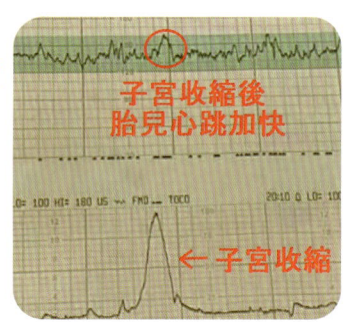

(十)胎心率週期性變化—減速（FHR Deceleration）：

1.定義：

胎兒心跳突然低於胎心率基準線超過15秒，但不超過10分鐘。

胎心率減速依其與宮縮發生的時間關係分為：

心律和導因	處置	
早期減速 （因胎兒頭部受壓迫造成，減速始於宮縮開始時）	持續觀察即可	
晚期減速 （因胎盤功能不足造成，減速始於宮縮末期）	1. 協助產婦左側臥及抬高孕婦下肢（垂頭仰臥式）以改善低血壓 2. 減少或停用催產素 3. 給氧氣 4. 監測產婦的血壓與脈搏，若為低血壓則可加靜脈輸液的灌注 5. 準備生產	
變異性減速 （因臍帶被壓迫或者有臍帶脫垂造成，減速與宮縮無關）	1. 協助產婦更換側臥姿式呈現膝胸臥位及搖高床尾，減輕先露部位對臍帶的壓迫。 2. 進行陰道內診確認是否有臍帶脫垂。 3. 減少或停用催產素。 4. 給氧氣並準備生產。	

Dr.Chen 門診問答　常見 Q&A

Q1 胎兒心跳速率多少是正常呢?這個不到10週的胚胎心跳每分鐘188下是正常嗎?

A1 初期妊娠胎兒只有交感神經系統沒有副交感神經系統，因此心跳會跳很快，甚至每分鐘超過200下都算是正常！

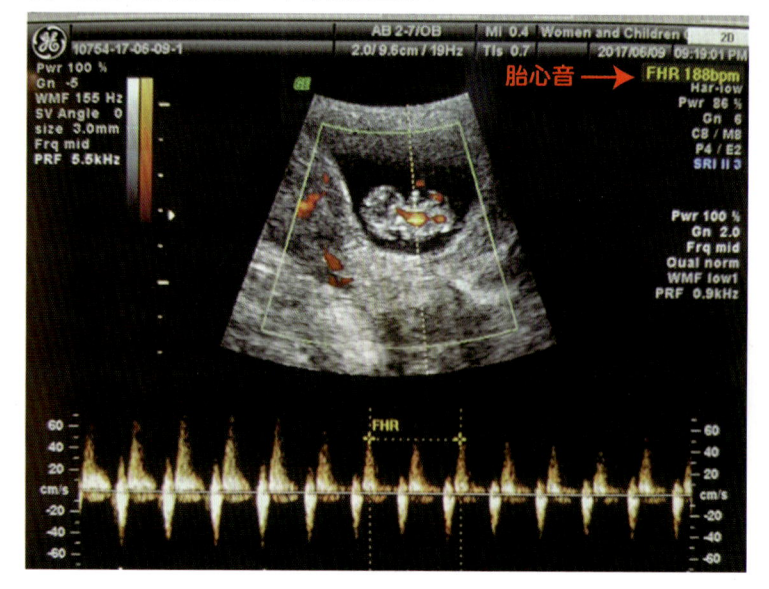

胎心音 → FHR 188bpm

Q2 先天性心臟病和遺傳有關係嗎?

A2 兒童心臟疾病，大致上可分為：先天性心臟病、後天性心臟病、心律不整。先天性心臟病即是生下來已有心臟病稱之，常常是心臟構造上異常。造成先天性心臟病的原因大多不明，只有極少數個例與染色體異常及遺傳有關，少部份與環境因素與母體感染有關。先天性心臟病約為1/150 (約0.6-0.8 %)，但家中一等親家屬 (如父母，兄弟姐妹) 有人有先天性心臟病，則再發率提高為 2-3 %。後天性心臟病則以心肌炎，風濕性心臟病，川崎氏病，細菌性心內膜炎為最主要。

十六、減痛分娩施打流程及常見問題介紹

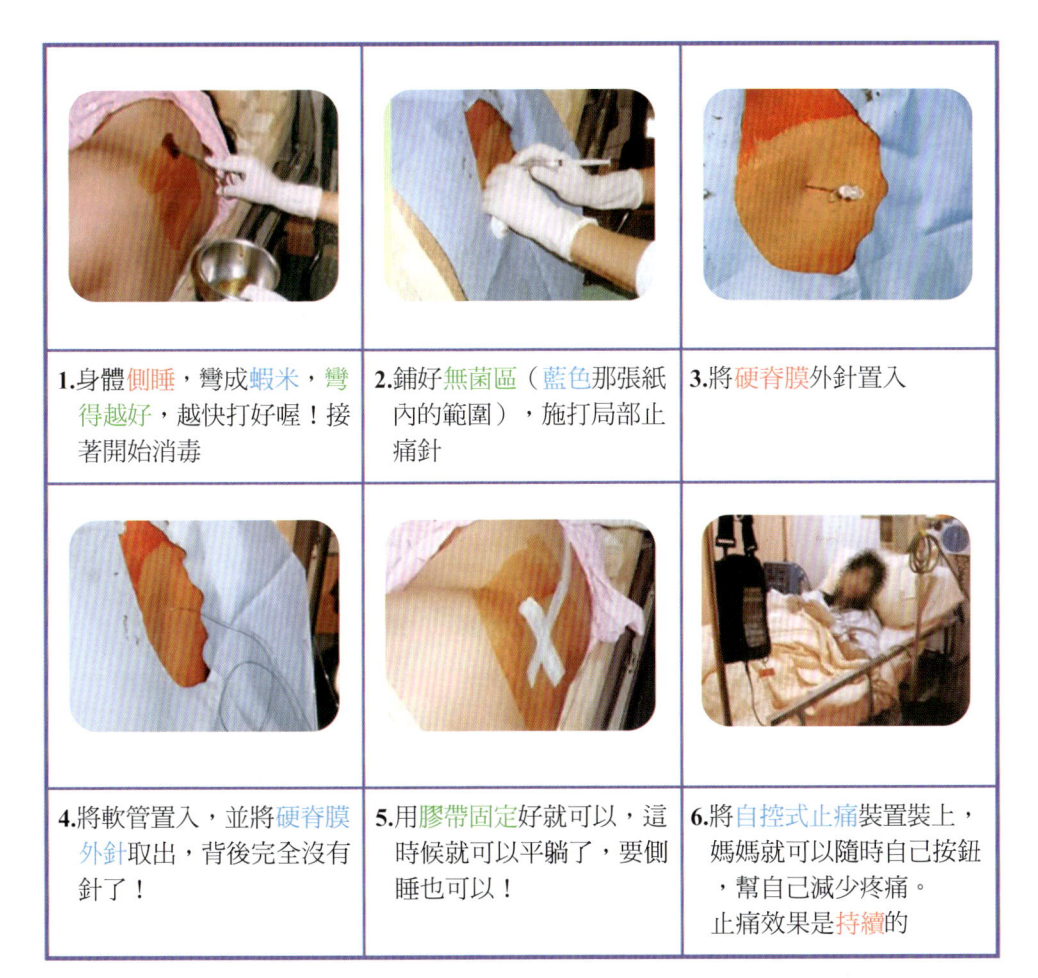

1. 身體側睡，彎成蝦米，彎得越好，越快打好喔！接著開始消毒

2. 鋪好無菌區（藍色那張紙內的範圍），施打局部止痛針

3. 將硬脊膜外針置入

4. 將軟管置入，並將硬脊膜外針取出，背後完全沒有針了！

5. 用膠帶固定好就可以，這時候就可以平躺了，要側睡也可以！

6. 將自控式止痛裝置裝上，媽媽就可以隨時自己按鈕，幫自己減少疼痛。止痛效果是持續的

Part 2 懷孕期間自我照顧及注意事項

Dr.Chen 門診問答　常見 Q&A

Q1 產痛對產婦有什麼不良影響？
A1 分娩的痛就像刀割一樣的痛，有人認為是人生中的最痛。

※劇烈產痛會引起孕婦腎上腺素大量分泌結果，會減少子宮血流量，造成子宮收縮效能降低、導致產程延長而增加剖腹產手術的機率。

Q2 什麼是減痛分娩？
A2 所謂減痛分娩就是使用麻醉止痛的方式來達到生產時的減痛，目前全世界廣泛採用最好且最有效的方式就是使用腰椎硬脊膜外腔注射止痛法。在腰椎覆蓋脊椎的外圍處，經由硬膜腰椎針置入一個導管，將局部麻醉藥注入以達到神經阻斷，讓產婦在生產過程中減少產痛的感覺。

Q3 減痛分娩是否會影響胎兒？
A3 目前所使用的局部麻醉藥物對胎兒是相當安全，不會直接影響胎兒。

Q4 減痛分娩是否會影響產程？
A4 於適當時機施行減痛分娩並不會對產程造成明顯改變，原則上初產婦的子宮頸開口約 3~4 分時，經產婦約 2~3 公分時才是最適當時機，因為太早施打可能會延長產程。

Q5 減痛分娩是否完全達到止痛的目的？
A5 每位產婦對痛的感覺及要求止痛的程度不一樣，故預期的效果可能會因人而異，統計上平均減痛的效果大約可達五至八成。

十六、減痛分娩施打流程及常見問題介紹

Q6 / A6 減痛分娩有何併發症？

※低血壓、發抖、皮膚癢、背痛、輕微噁心和嘔吐、藥物過敏、以及頭痛等現象：少部分產婦可能會有，然而這些現象大多是暫時性的，在適當的處置後均能改善。

※神經性傷害：例如硬脊膜外腔發炎或血腫、脊椎神經受傷、蜘蛛網膜穿刺後頭痛、以及硬脊膜外導管置入蜘蛛網膜腔造成藥物休克等，這些傷害經由事先適當的評估以及在專業的麻醉醫師操作下，可將發生機率降到最低限度，產婦不必過於擔心。

※引發產後腰酸背痛：在懷孕過程中，因子宮和骨盆的變形和擴張以及胎兒造成的神經壓迫等，才是引起絕大多數產婦腰酸背痛的原因，並非是「減痛分娩」所造成的結果。

Q7 / A7 什麼狀況下不適合施行減痛分娩？

血液凝固不良者、背部有感染者、急性腦神經病變者、腰椎開過刀或嚴重腰酸背痛者、血液容積不足者（如大量出血等）

Q8 / A8 接受脊髓麻醉會不會有併發症或後遺症？

不會。

孕婦剛打完麻醉針時，由於下半身的血管會擴張，加上媽媽腹部壓力大，回心血流量會減少，所以可能會有暫時不自主發科、噁心嘔吐、呼吸不順暢感覺，經由點滴輸液、血管收縮劑、與調整姿勢可以改善。至於腰酸背痛與懷孕期間姿勢不良較有關。

Q9 / A9 擔心脊椎（龍骨）會受傷？

事實上針並沒有打到脊椎（龍骨）內，而是打到脊椎的硬脊膜外面，因此脊椎（龍骨）受傷的機率是非常低的。

Q10 / A10 擔心會延長產程

事實上正確的減痛分娩術並不會造成產程延長，產婦反而因減痛後更可以理性的配合用力，生產會較為順利。

Q11 剖腹產在接受脊髓麻醉前要注意哪些事項？

A11 手術前一定要禁食（連水都不能喝）。以避免手術時因嘔吐造成吸入性肺炎。另外，有藥物或食物過敏史一定要告知麻醉醫師，本身有任何特殊疾病或開刀史也要提醒醫師注意。

Q12 為何聽有些人說脊髓麻醉後會頭痛？

A12 脊椎麻醉後的頭痛發生的機會是非常的低。一般相信頭痛是因為穿刺針穿過了硬腦膜，進入脊髓腔，脊髓腔的腦脊髓液沿著這個洞流出來的緣故。

腦脊髓液在我們的腦室與脊髓腔中循環。當它很嚴重地流失時，就會造成頭痛。

研究指出，年輕人及產婦實施脊椎穿刺比年紀大的人更容易發生頭痛。再有，穿刺的針愈粗，造成頭痛的機會也自然就愈高。脊椎麻醉後的頭痛，最大的特色是這種頭痛會隨著姿勢的改變而加劇，特別是當我們由躺身到坐起來的那一剎那。

Q13 萬一發生了脊椎麻醉後頭痛該怎麼辦？

A13 最簡單方式是平躺經由點滴給予大量的生理食鹽水，補充水份，或吃含咖啡因食物，包括咖啡、茶類、巧克力、可樂……等等。大部份輕微的脊椎麻醉頭痛很快就可以康復，嚴重的頭痛則須要採用"血液補綴法"。這是抽取自己的血液大約 15～20 c.c、在還沒有凝固之前，打入我們的硬脊膜外腔，將那個洞補綴起來三到五分鐘內，就可以見效，對脊椎麻醉頭痛療效幾乎達到百分之百。

Q14 如何避免孕婦腰椎椎間盤突出造成下背痛

A14 不要彎腰及過度後仰。

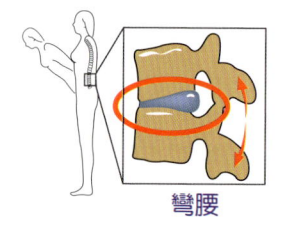

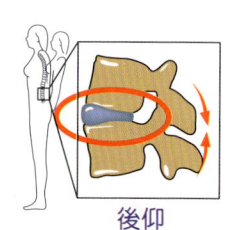

彎腰　　　　　後仰

十六、減痛分娩施打流程及常見問題介紹

Q15 何種姿勢對孕婦腰椎最不會造成壓力？
A15 平躺

腰椎在不同姿勢下所承受的壓力

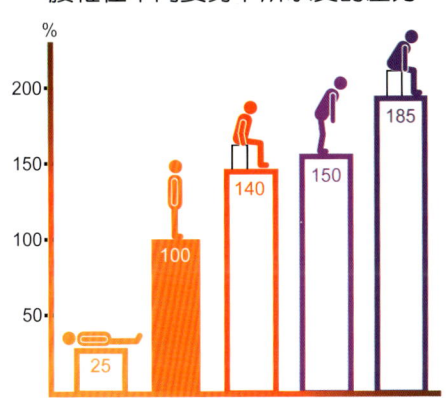

姿勢	%
平躺	25
站立	100
坐姿	140
站立前傾	150
坐姿前傾	185

Q16 軟性枕頭如何使用可避免「落頭」情況發生
A16

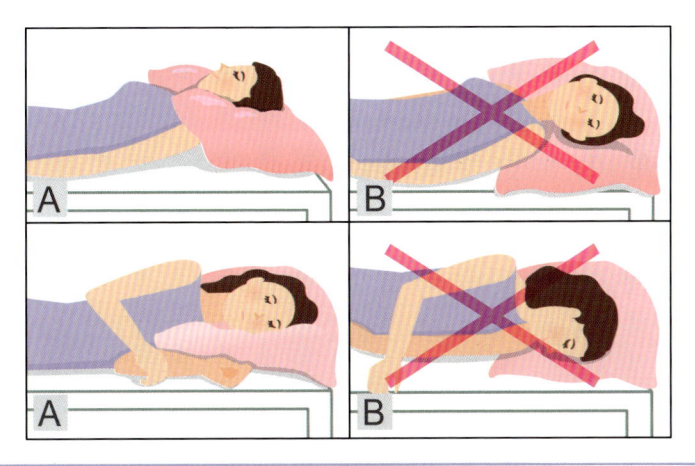

十七、孕婦下背痛預防及治療

懷孕婦女因體重漸漸增加，會使得孕媽咪腰椎前凸角度增加（見附圖1.）引發下背痛，其中又以腰痛最常見。

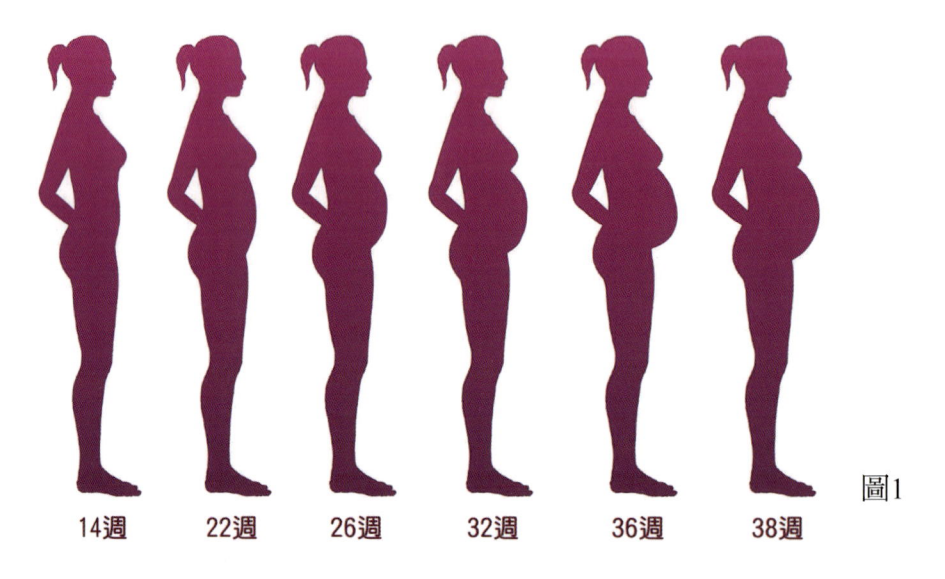

14週　22週　26週　32週　36週　38週

圖1

腰痛在孕程中的發生率約為 48%，常見原因：肌肉拉傷及腰椎椎間盤突出。

懷孕的正常生理變化引發孕婦腰痛
1. 體重增加
2. 腰椎前凸角度增加（見附圖2.）
3. 關節軟組織水腫
4. 體內弛緩素（relaxin）增加引發關節韌帶鬆弛

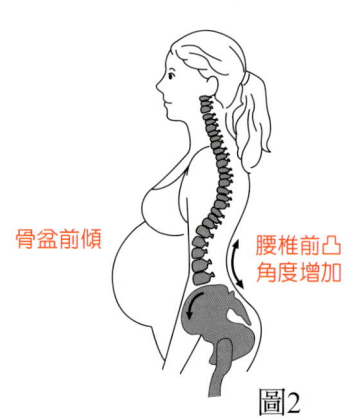

骨盆前傾　腰椎前凸角度增加

圖2

十七、孕婦下背痛預防及治療

腰痛自我居家照護原則：

1. 不宜久站久坐
2. 避免穿高跟鞋、搬重物、過度勞累
3. 可使用孕婦托腹帶
4. 可熱敷來增加血液循環及放鬆腰部肌肉
5. 儘量維持良好姿勢（附圖3,4,5,6,7,8）

正確刷牙姿勢

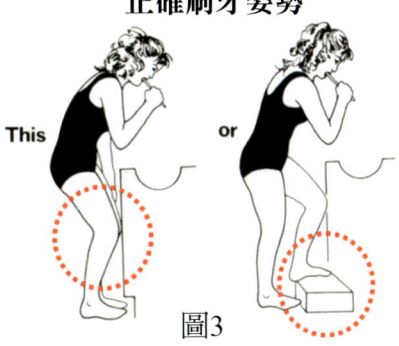

圖3

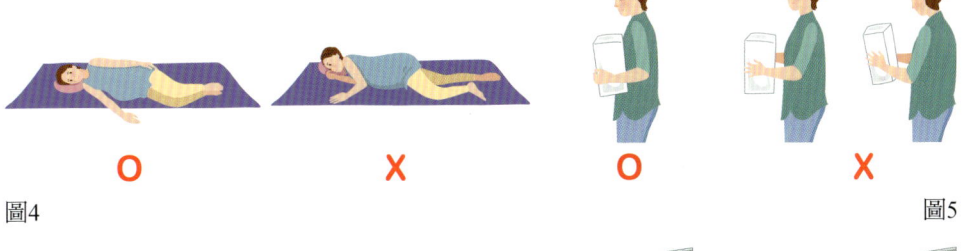

圖4　O　X

圖5　O　X

圖6　O　X　O　X　圖7

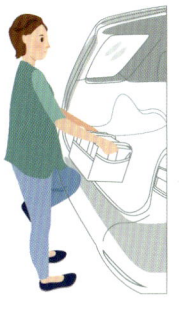

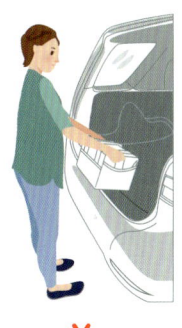

不要彎腰
不要過度後仰

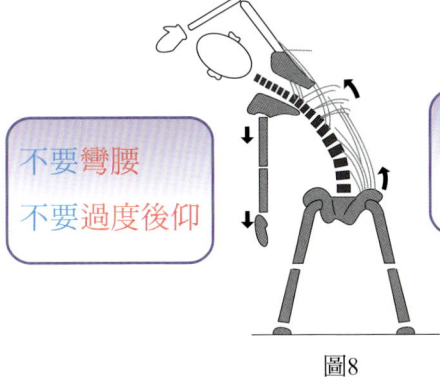

多做側邊伸展拉筋動作，可減緩孕婦下背痛（腰痛）（附圖8）

圖8

2014/03/11

Why Choose Simba?

#小獅王辛巴

排除所有可能造成孩子傷害的用品
人人都能入手的台灣製親民品牌
媽媽界口耳相傳的話題性品牌
駕輕就熟的高機能傻瓜用品
擁有使命必達的客服團隊

CRYSTAL ROMANCE
蘿蔓晶鑽玻璃奶瓶

史上第一支榮獲台灣精品獎奶瓶
2019之最PANTONE活珊瑚橘
絕美風貌直擊媽咪的少女心
瓶身耐熱600℃
瓶身不卡奶垢好清洗
通過SGS嚴格檢驗不含雙酚A
搭配母乳記憶超柔防脹氣奶嘴

台灣精品 2018 TAIWAN EXCELLENCE

ULTRA SOFT
母乳記憶超柔防脹氣奶嘴

寶寶順暢完食
完美記憶關鍵
婦幼店年銷百萬顆
母乳般厚實的觸感
獨創智慧型排氣系統一吸一放
防撕裂設計更耐啃咬
多種尺寸可隨寶寶階段更換

DOROTHY WONDERLAND
桃樂絲心願精裝PPSU奶瓶系列

連續三年榮獲媽媽寶寶票選第一
美國蘇威頂級PPSU原料
高壓蒸氣消毒達1000次以上
瓶身耐熱度高達197℃
高硬度超輕盈超耐摔
搭配母乳記憶超柔防脹氣奶嘴

台灣精品 2019 TAIWAN EXCELLENCE

S5 PRO
智能六段式定溫調乳器

熱銷十五年再升級
台灣製造精湛品質
40/50/60/70/85/98℃ 泡各種飲品都很可以
醫生專家說70度水溫泡奶才可以
夜光照明夜間眼睛不刺眼
檸檬酸清洗一鍵搞定

Simba 全系列育嬰精品各大嬰兒房・藥局・藥妝店・購物平台均售 #小獅王辛巴

Part 3
準備寶寶的來臨

一、待產用品

(一) 媽咪的準備用物

1. 證件
媽咪的健保卡，媽咪的健康手冊。媽咪和爹地的身分證（外籍配偶請帶居留證或護照）申請出生證明。

2. 免洗內褲（數量：1~2 包）
產後會不斷出現惡露，因會滲漏到內褲上，故使用免洗內褲可保持下體的清爽乾淨以及方便替換。

3. 產褥墊（數量：1~2 包）
不論是待產時或生完後，可以墊在媽媽的屁股下方，來防止羊水或是惡露滲漏，進而弄髒衣服或床單。

4. 看護墊（數量：5~10 片）
產後會有大量的惡露，需要在床上墊上產褥墊來吸收惡露。

5. 沖洗瓶（數量：1 個）
放八分滿溫熱清水加入一小瓶蓋水溶性優碘，在如廁後用來清洗會陰部傷口。

6. 消毒液（水溶性優碘）（數量：1~2 瓶）
自然產的媽咪在生完產後，會陰部會有一道縫合的傷口，上廁所後務必要搭配沖洗瓶沖洗傷口處。

7. 嬰兒乾濕兩用巾（數量：1~2 盒）
自然產的媽咪在上廁所後，會搭配沖洗瓶沖洗會陰傷口處，兩用巾是用來擦拭及乾燥傷口處。

一、待產用品

8. **成人紙尿布（剖腹產）（數量：3~5 片）**
   適用於剖腹產的媽咪，剖腹產的媽咪在手術麻醉後會無法下床自行解尿，因此會放置一條尿管幫助導尿。

9. **坐浴盆或臉盆（數量：1 個）**
   建議自然產的媽咪在<u>產後 24 小時之後</u>以<u>溫水坐浴</u>，會幫助會陰傷口癒合和痔瘡收斂。

10. **束腹帶（有彈性<u>無</u>固定鋼條的）（數量：1 件）**
    束腹帶能壓迫止血剖腹產傷口，也能減輕剛生產完的子宮下墜感。

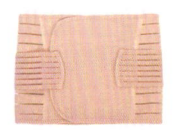

(二) 哺餵母乳的媽咪需準備之物品

1. **溢乳墊（數量：1~2 盒）**
   放置於內衣的罩杯內，避免乳汁分泌過多。

2. **哺乳內衣（數量：2~3 件）**
   哺乳內衣的材質較為柔軟，且<u>罩杯</u>的<u>外層可以掀開</u>，方便媽咪隨時哺餵母乳。

3. **寶寶的準備用物**
   正常來說，<u>自然產</u>的媽咪需要住院<u>三天</u>，而<u>剖腹產</u>的媽咪則需要住院<u>五天</u>。這段時間，院方有提供寶寶衣服和尿片。寶寶出院回家時，父母要幫寶寶準備衣服、帽子、手套、襪子、包巾……等。

4. **紗布衣（數量：2~4 條）**
   相當於寶寶的內衣。

5. **紗布巾（數量：3~6 條）**
   哺餵母奶時，可以墊在寶寶臉部下方，隨時擦拭滴落的奶水。建議可多準備幾件以便更換。

6. **嬰兒包巾、帽子、手套、襪子（數量：1~2 套）**
   寶寶出院時，為了避免吹風著涼，<u>一定要幫寶寶戴上帽子，穿上手套</u>和<u>襪子</u>。

二、迎接新生兒準備用物

何時該準備新生兒用物？約在媽媽懷孕 **28 週**（7 個月）以後，懷孕 36 週（9 個月）以前，趁媽媽身體行動還方便的時候，開始準備新生兒用物。

(一) 哺育用品

1. 奶瓶：

6~8 支（小的 2 支；大的 4~6 支），選擇可經多次煮沸、耐熱、易清洗的奶瓶，例如**玻璃**材質。

2. 奶嘴：

奶瓶奶嘴要選擇適合新生兒、大小適中的奶嘴（大部分是**中圓洞**），流量控制在**一秒 1 滴**，避免寶寶嗆到。若奶嘴有破損、變形現象，應汰舊換新。

3. 奶瓶消毒鍋：

分為**傳統式消毒鍋**和**蒸氣式消毒鍋**。

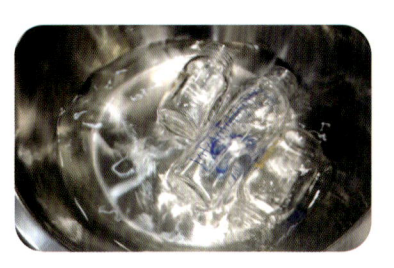

傳統式消毒鍋	蒸氣式消毒鍋
使用不銹鋼鍋，專門用來煮沸、消毒嬰兒的哺乳用品。	只要將哺乳用品放入鍋內，置入**自來水**再插上電就可使用。

4. 奶粉：

以大廠牌為主，**不適合**先買起來存放。

(二) 衣物用品

1. 紗布衣：

　　4~6 件，以柔軟會吸汗且透氣的質料為主，因為寶寶的皮膚較敏感。

2. 肚衣：

　　開襟、綁帶式的上衣，且大部分會**有翻袖**可以把寶寶的手包起來，比紗布衣再厚一點。

紗布衣

3. 浴巾：

　　2~3 條，可包裹寶寶或當棉被蓋。

4. 包巾：

　　2~3 條，外出用，冬天也可當棉被用。

肚衣

5. 紗布手帕：

　　10~20 條，可當餵奶巾或洗澡時使用，因新生兒常溢奶，需要擦拭嘴巴及餵奶時墊在下巴脖子處。

6. 紙尿布：

　　可先準備 1 包**初生嬰兒**（**New Born**）使用的即可。

(三) 沐浴清潔用品

1. 洗澡盆：

　　「新生兒」時用**洗臉盆**洗澡，可以避免大人沒抓好寶寶，讓寶寶整個滑入水裡。

洗臉盆（新生兒洗澡用）

2. 水溫計：

　　要能清晰顯示洗澡水溫度（**適合溫度 39°C ± 2°C**），要使用**不含水銀**的溫度計。

3. 嬰兒沐浴乳：

　　中性或**弱「酸」性**沐浴乳。

不含水銀的溫度計

131

4. 洗澡巾：

可用紗布手帕或**乾濕兩用巾**。

5. 浴巾：

1~2 條，擦身用。

洗澡巾　　　　乾濕兩用巾

(四) 居家護理用品

1. 臍帶護理包：

臍帶未脫落時**消毒**、**乾燥**用，出院時，原生產醫院會備一包臍護理包讓家屬帶回家使用。

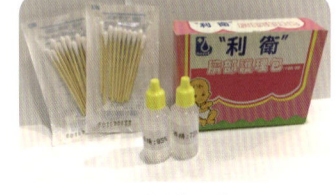

臍帶護理包

2. 電子體溫計：

新生兒體溫較不穩，可定時測量。

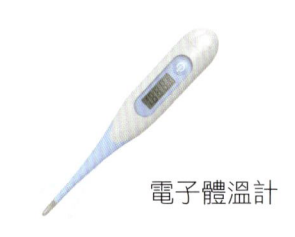

電子體溫計

3. 吸球：

溢吐奶時，用來清除口鼻中的奶或分泌物，會從原生產醫院帶回家中。

吸球

(五) 寶寶出院用物準備

- 紗布衣或肚衣：1件
- 浴巾：1 條，包裹寶寶
- 包巾：1 條，外出用
- 紗布手帕：1~2 條，回家途中溢奶時，可擦拭寶寶嘴巴及墊在下巴脖子處。

二、迎接新生兒準備用物

愛的小叮嚀

1. 新衣服或浴巾等物品，先下水清洗乾淨且要曬太陽，「勿」使用樟腦丸或萘丸，因為有蠶豆症的寶寶接觸到會產生新生兒溶血現象。
2. 寶寶衣物，要與大人的衣物分開洗。
3. 痱子粉不建議使用，因為容易使寶寶紅屁股及易造成吸入性肺炎。
4. 凡士林：天然、無刺激性，可滋潤寶寶乾燥肌膚，建議使用。
5. 新生兒用物不用一次買太多，可以日後看需求再準備喔！

Dr.Chen 門診問答　常見 Q&A

Q1／A1 嬰兒「紗布衣」和「棉布」衣在哪個季節穿，有什麼區別？

紗布衣較薄，常在夏天穿著或當一般內衣；但在冷氣房內要留意寶寶體溫的變化，斟酌衣服的厚薄穿著。

「棉布衣」較紗布衣厚，在「秋」、「冬」天穿著或冬天當內衣穿，不用外加其他衣物保暖。

Q2／A2 嬰兒洗澡沐浴品琳瑯滿目，我該買嬰兒沐浴乳或泡泡露或酵素粉或嬰兒皂呢？

只要是弱酸性或中性溫和的嬰兒沐浴洗劑都可以。如寶寶使用後皮膚出現乾燥、紅疹等異常現象，即應暫停使用以「清水」沐浴即可，並再觀察或在必要時就醫評估。

Q3／A3 奶瓶的口徑有大有小，要準備哪一種較適合？

一般口徑和寬口徑奶瓶都可以。有部份媽媽會考量寬口徑奶瓶在調奶時，奶粉比較不會倒出瓶口外及方便好清洗。

三、認識腕隧道症候群

腕隧道症候群為正中神經（median nerve）於手腕處受到壓迫所造成的**酸麻不適**。臨床表現為手部感覺異常（**漲痛**及**麻痺感**）、感覺遲鈍或無力。症狀於寒冷氣溫、騎乘機車、半夜至清晨最為嚴重。孕婦、產婦、餐飲業、長期使用振動性工具勞工、小兒麻痺患者為高危險群。

- **腕隧道症候群**
  手腕正中神經被壓迫
  臨床表徵：**手指**前面 3 指半麻痺、
  僵硬或漲痛。

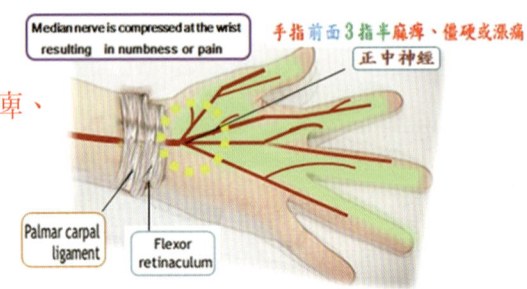

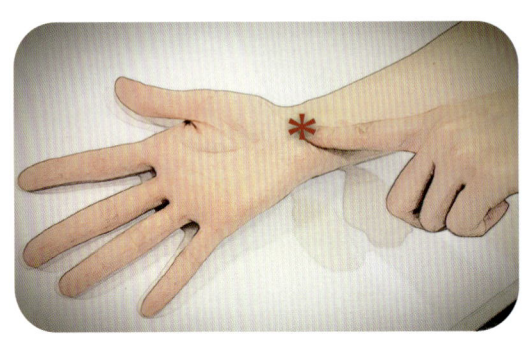

按壓＊處，前 3 指半「會」酸麻 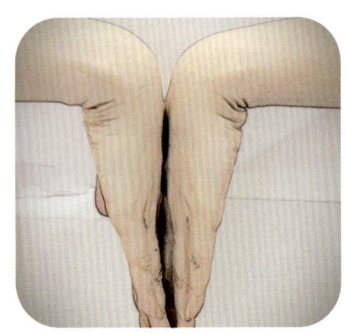　　雙手掌彎折；前 3 指半「會」酸麻

（一）自我檢查方法：

（二）腕隧道症候群的居家治療：

1. 讓手腕儘可能處於「**伸直**」狀態
2. **使用護具**（見附圖）
3. 減低重覆性腕部動作
4. **熱敷**可以改善局部循環
5. 補充維他命 B12 可以幫助神經修護

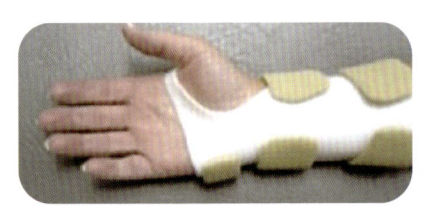

歡迎所有產後媽媽來此坐月子喔

陳祥君產後護理之家

台南市東門路二段338號
TEL：06-3351808 分機 101
ttp://www.hsiang-chun.tw/

四、認識媽媽手

媽媽手為控制大拇指動作的二條肌腱，因為發生了**狹窄**性肌腱鞘膜炎而造成**大拇指近手腕**處腫痛及活動不便。

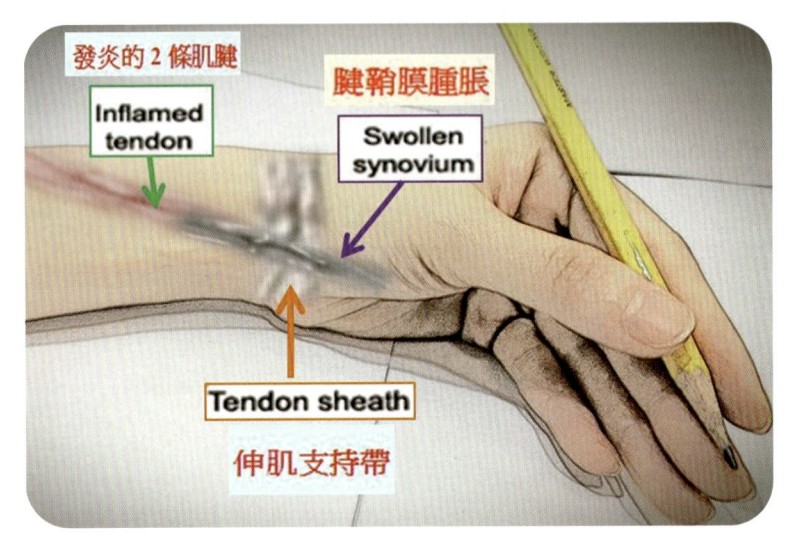

發炎的肌腱造成伸肌支持帶和肌腱們間的空間狹窄，當媽媽手腕在做「抓、握、擰、捏」動作時、大拇指底部近手腕會腫脹疼痛而無法做家事及抱小孩。

(一) 媽媽手自我居家檢查：

媽媽做「抓、握、擰、捏」等動作時，會引發（或加劇）大拇指近腕部的劇烈疼痛。導致無法做家事或正常工作。

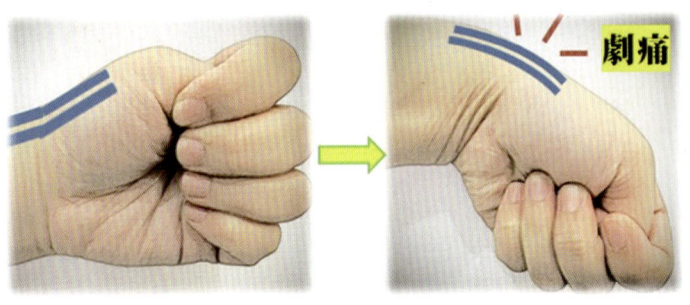

四、認識媽媽手

(二) 媽媽手的居家照護處理：

1. **使用護腕**（見附圖）
2. 少拿重物並避免做比「讚」的手腕動作。
3. 上班打字、打電腦時，要把速度放慢，同時減少打字、打電腦的時數。
4. 注意抱孩子時手腕姿勢（儘量手腕虎口「不要」張太開）

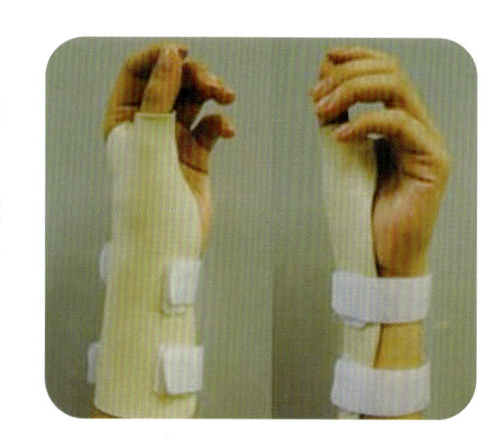

Dr.Chen 門診問答　常見 Q&A

Q1

A1 媽媽若跌倒或扭傷,可用何種方式來舒緩不適？

1. **24小時內可冰敷**：一次約10~15分鐘，若嚴重一點的話建議每1~2小時可冰敷一次唷
2. **24小時後改熱敷**：可用熱毛巾敷蓋，溫度請勿過燙，一次約5-10分鐘，若使用熱敷袋須注意熱敷時間及水溫，避免造成燙傷喔：

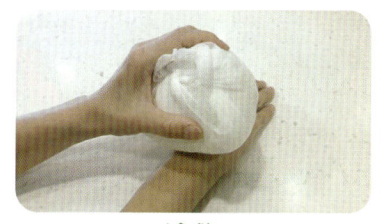

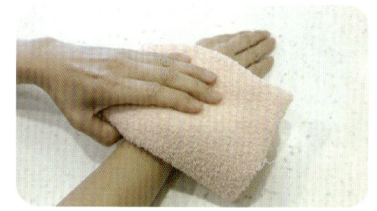

冷敷　　　　　　　　　　熱敷

貼心實驗室　如何製作冰敷球

1. 取一個乳膠手套裝水後綁緊
2. 再用紗布裹起來綁好後冷藏
3. 使用完冰回冷藏可重複使用唷

137

Part 4

產後坐月子

一、哪裡有好的產後護理機構

產後照護俗稱坐月子，它是中國社會特有的產後照顧文化，目的是要讓產婦有足夠的休息以恢復體力，並補充生產時的消耗與餵食母奶之所需的均衡營養。隨著社會結構變遷及個人需求等因素，使得部分現代產婦需脫離家庭，讓產後照護責任轉移至產後護理機構，媽媽們期待以消費方式來解決坐月子期間產婦及嬰兒的照顧問題，更希望月子坐得好，嬰兒也顧得巧。

以下為好的產後護理機構具備要件：

(一) 定型化契約：

要有經政府合法立案，通過高規格消防安檢，及符合產後護理機構的定型化契約，來保障雙方權益及義務，並提供「合約審閱期」與「契約終止退費標準」，可避免消費者與產後護理機構發生消費糾紛。

政府合法立案 　　通過高規格消防安檢

http://www.mohw.gov.tw/

產後護理之家定型化契約

本契約於中華民國＿＿＿年＿＿＿月＿＿＿日經甲方攜回審閱。(契約審閱期間至少為五日)

立契約書人甲方簽章：　　合約審閱

乙方簽章：○○○產後護理之家
＿＿＿＿＿＿(消費者姓名)(以下簡稱甲方)
為產婦或嬰兒使用○○○產後護理之家(以下簡稱乙方)提供之服務，訂立本契約以資信守。

定型化契約

> 第十條 產婦或嬰兒預定進住日前甲方之解約權
>
> 產婦或嬰兒於預定進住日之前，因健康情形不佳、疾病、死亡，或其他不可歸責於甲方之事由，致無法接受乙方之服務者，甲方得解除契約；乙方應將甲方所繳交之訂金，全數無息退還。
>
> 除前項事由外，甲方得於產婦或嬰兒預定進住日之前解除契約；但甲方會依下列規定，賠償乙方損害：
>
> 一、於預定進住日之前三十一日以前解除契約者，賠償訂金百分之十（不得逾訂金百分之十）。
>
> 二、於預定進住日之前二十一日至三十日解除契約者，賠償訂金百分之二十（不得逾訂金百分之二十）。
>
> 三、於預定進住日之前二日至二十日解除契約者，賠償訂金百分之三十（不得逾訂金百分之三十）。
>
> 四、於預定進住日之前一日解除契約者，賠償訂金百分之五十（不得逾訂金百分之五十）。
>
> 五、於預定進住日當日解除契約者，賠償訂金百分之百（不得逾訂金百分之百）。

契約終止退費標準

(二) 合格護理人員：

擁有**合格護理人員**，**24小時**照顧新生兒及產後婦女，並提供**足夠安全**的照顧比例。機構護理人員能夠依產婦個人需求提供產婦個別的身、心、靈照護及相關母嬰同室護理指導，並利用產婦媽媽教室來提供正確實用的產後護理及育兒新知課程，讓媽媽快樂學習，輕鬆上手。

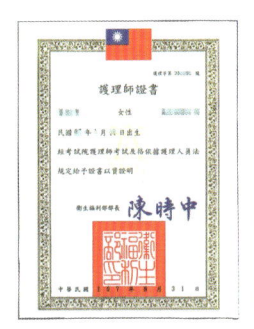

(三) 每年接受各地方政府衛生機關的督導與考核：

須每年接受各地方政府衛生機關的**督導與考核**，故消費者可以從各地方的**衛生局網站去查詢督導考核結果**，做為選擇的參考標準之一，且需**有感染控制措施**，達到**降低**交叉感染風險存在。

Part 4 產後坐月子

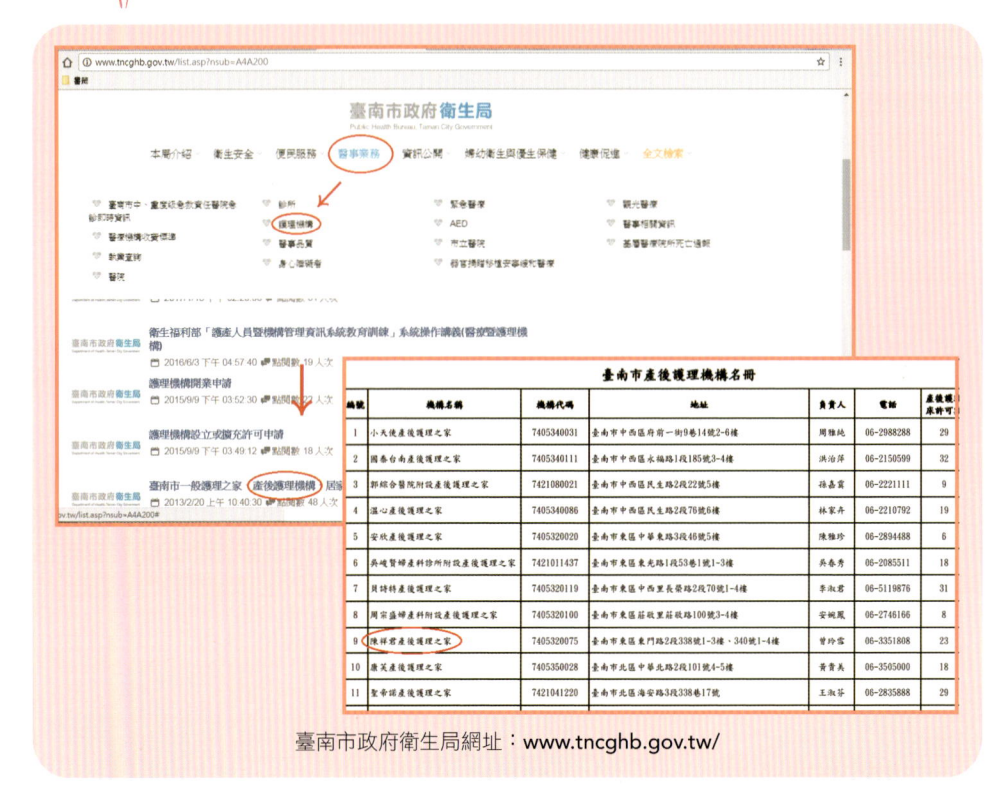

臺南市政府衛生局網址：www.tncghb.gov.tw/

產後護理機構是針對產後婦女所需之生理需求、自我照護、心理輔導給予專業的照顧，並以專業的衛生教育、健康指導，提供母嬰照護以幫助產婦迅速恢復身心功能，協助有產後照護需求的婦女，醫院獲得更完善有連續性的服務來適應有孩子的家庭生活。

現今產後護理機構眾多，產婦們事前在挑選時功課可要做足，**建議**在慎選產後護理機構前，①可至**衛生局網站**查詢機構是否**合法立案**、②了解歷年來的**評鑑**結果、③並且**親自**到機構**參觀**，了解各項規定是否符合、④需聽聽機構內的護理人員對於產婦及嬰兒照護的方式。

因此慎選合法立案且優質的產後護理機構，可以確保產婦和寶寶住得舒適又安全。

產後護理機構評鑑合格證明書

二、新手爸媽的叮嚀

恭喜各位孕媽咪終於順利產下懷胎十月的親愛寶貝，生產是如此獨特美妙的經驗；在筋疲力盡、聲嘶力竭中完成懷孕分娩這件人生大事，茲就臨床所見針對產後母體生理上的一些症狀，做一表述。希望能給各位產後媽咪一些參考，並有所裨益幫忙！

坐月子期間的保健：產後併發症的介紹及處理

母親產後臨床症狀	可能原因	建議的醫療處置
母親眼白出血或佈滿血絲	生產過程中用力過度，造成眼部結膜血管破裂。	• 不需要特別治療（約 2~3 週後，出血現象就會消失） • 若出現： 1. 視野變暗（如白天豔陽高照，母親卻看成晚上） 2. 嚴重飛蚊症： 要高度懷疑視網膜剝離，屬於妊娠高血壓危險急症徵象之一，須儘快處理高血壓問題
不自主打寒顫	• 生產過程中用力過度，或過程較長，耗盡母親體力，導致體溫調節系統短暫失衡。 • 母親低血糖 • 子宮過度收縮	給母親： 1. 烤燈 2. 厚毛毯 3. 熱牛奶 4. 溫熱過的點滴 • 點滴注射葡萄糖滴液（可以上升母親血糖） • 服用熱食 • 調慢點滴中促進子宮收縮藥劑的速度，避免子宮過度收縮。
虛弱、眼冒金星（常見例子：孕婦在廁所昏倒）	姿態性低血壓	• 變換姿勢時要慢慢來 • 如廁或下床走動一定要有人陪伴及攙扶 • 大約需一天的時間讓身體調適

母親產後臨床症狀	可能原因	建議的醫療處置
陰道大量血塊湧出，不到半小時即濕透整片產墊	・子宮收縮無力 ・會陰傷口裂開	・強力環狀按摩子宮，加上點滴注射強力子宮收縮劑。 ・冰敷袋置於子宮上方刺激子宮收縮 ・裂開的會陰重新縫合
會陰切開傷口有脈動式規律性的一陣一陣漲痛且肛門伴有持續加強的便意感	會陰血腫塊內還有小血管正在噴血	・冰敷會陰傷口 ・切開血腫塊縫合出血點
母親一直寒顫且全身發抖，體溫卻逼近40℃；伴有血壓偏低及脈搏加快現象同時有惡臭的惡露	子宮內膜炎引發母親敗血性休克	・屬臨床急症會致命，要馬上投予強力廣效抗生素來抑制發炎。 ・補充大量點滴以維持生命徵象 ・強力環狀按摩子宮，加上點滴注射強力子宮收縮劑以排除子宮內有感染的血塊及胎盤碎片殘留。
產後8小時仍解不出小便或只解幾滴尿液但尿道口很刺痛	・尿道黏膜在生產過程中有所磨傷而腫痛。破皮的黏膜接觸尿液會有灼燒感 ・無痛分娩後遺症 ・孕婦天生非常怕痛	・插尿管排並且攜帶尿袋至少24小時，讓膀胱休息以恢復日後收縮力。 ・開立止痛藥止痛
剖腹產後持續頭痛	脊髓半身麻醉引發的腦壓降低	・儘可能平躺，不用枕頭 ・大量點滴靜脈注射 ・可多喝寶礦力、舒跑、咖啡 ・開立止痛針劑或止痛藥

二、新手爸媽的叮嚀

母親產後臨床症狀	可能原因	建議的醫療處置
產後呼吸非常急促，伴隨意識漸漸昏迷	過度換氣症	用塑膠袋罩住產婦口鼻且鼓勵深而長的呼吸，可以平衡產婦血液中的酸鹼度
產後大量出汗	生產時孕婦血液總量會比懷孕前增加48%，產後需藉排汗排尿來排除身上多餘水分。	夜間會特別容易流汗，住院期間要勤換貼身穿著的全棉被服；睡覺時戴帽子或頭巾來吸汗保溫，可防止緊張性頭痛。
落寞、很想哭	產後憂鬱常為生活或荷爾蒙突然改變所引起。睡眠不足或過度疲勞亦是主因。	• 多喝水或多喝無糖飲料（例如：無糖綠茶） • 多享受陽光，一天至少 20 分鐘的曝曬陽光 • 每週三次，每次三十分鐘的有氧流汗運動是良方。 • 洗三溫暖可以放鬆身心 • 優質的坐月子加上家人誠心的照顧和支持可不藥而癒
乳房漲痛	• 乳腺管擴張 • 乳腺炎	• 不想哺乳者可冰敷乳房加上服用退奶藥 14 日 • 想繼續餵母乳者，可多親餵（1天 6~8 次），並勤做乳房護理及按摩乳腺管使其通暢順乳。 • 乳腺炎會有紅腫熱痛及孕婦發燒≥38℃的情形，需服用抗生素。嚴重者需要切開引流膿瘍。

145

三、孕婦產後身體清潔

　　中國古老傳統觀念認為產後婦女會因為洗澡、洗頭受涼結果而造成日後身體不適的問題。以前古時候的生活條件差，水溫和室溫皆無法有良好的控制加上取用的水源多來自自家井水、河水……等，若產婦使用「不潔」的水來直接沐浴或是用來清洗會陰傷口，除了容易造成傷口感染之外，保暖不足也容易受寒感冒。

　　隨著醫療資訊日新月異，許多坐月子觀念已大大不同以往！以前古老舊觀念中的幾天「不」洗澡和「不」洗頭都會造成產婦身心不適和易受感染，所以現代用「渡假式的享受和放鬆」來坐月子，是產婦擁抱幸福人生的一段重要時光！

(一) 產後媽媽容易因為以下情況導致身體產生異味及不適：

1. 為了排掉懷孕期間體內多增加48%的血液中水分，產後汗腺會特別活躍而容易大量出汗且尿量增加。

2. 產後擠奶或餵奶過程中容易造成衣服濕答黏膩。

3. 產後惡露的排出會滴滴答答持續4~6週之久。

4. 會陰傷口或剖腹產傷口，會影響活動及身體舒適程度。

(二) 把握黃金原則！何時坐月子都不怕！

　　老一輩認為月子「不能」洗頭、洗澡，但在夏季生產的產婦，要遵循傳統的坐月子方法，又要吃月子餐進補，那就太難受了。因思想觀念的進步，建議產後「照常」洗澡、洗頭，可使全身血液循環增加、加快新陳代謝和解除疲勞。

★ 室溫：

1、坐月子產婦要有舒適的環境，所以無論是夏天或冬天，均需開空調讓室溫維持在攝氏「25-28度」。

2、保持空氣流通，冷氣出風口或電扇「不能」「直接對著」產婦吹，須對著牆壁吹風，讓自己感覺舒適為宜。

3、冬天可採電暖氣等設備來保持室內溫度。

★ 衣著：

1. 衣物一定要勤洗勤換。

2. 衣物洗淨後，最好放在「太陽」下曝曬消毒。

3. 衣褲若已濕透或感覺不舒服就要「馬上」更換避免著涼。

4. 衣褲材質應選擇「棉製」且要寬鬆，記得睡覺要穿上襪子保暖小腿，以免半夜「小腿」抽筋。

★ 睡眠：

「 晚上12點到凌晨4點 」是修復體內細胞讓身體恢復活力最重要的階段，此時段一定要能夠「 熟睡 」才能恢復元氣，因此建議產後媽咪最晚晚上11點半就要上床去睡覺囉！

	自然產	剖腹產
身體清潔	1. 產後當日可溫水拭浴，第二天可開始「淋浴」(攝氏溫度41-43度)，讓身體舒適，但「不可」盆浴及泡澡，避免傷口感染。沐浴完穿好衣服保暖，以免受涼。 2. 溢乳墊及衛生棉需2~3小時更換一次。 3. 每次如廁後要沖洗會陰傷口，並用拋棄式乾紙巾由「前」往「後」「按乾」，並隨時保持清潔直至惡露結束。	1. 住院滿5日回家自我照顧，採「溫水」拭浴，之後再依醫生指示回診看傷口情形再決定是否可以洗澡。 2. 溢乳墊及衛生棉需2~3小時更換一次。 3. 每次如廁後用衛生紙由「前」往「後」「按乾」會陰，並隨時保持清潔直至惡露結束。(同生產前月經期間的如廁處理)
頭髮清潔	1. 坐月子洗頭時的水溫要適宜，不要過涼，最好保持在「37℃」左右。 2. 產後頭髮較油，也容易掉髮，洗頭時不要使用太刺激的洗髮用品。 3. 洗完頭後儘快將頭髮擦乾、吹乾，「不可濕著頭髮睡覺」。 4. 如果是夏季，長時間不洗頭容易造成頭皮發炎和異味，建議一週洗頭一次。 5. 冬季要減少洗頭次數，每次洗頭後要立即用大毛巾包住頭髮，「不可濕著頭髮睡覺」。	
口腔清潔	剛生產完的產婦因身體疲累(尤其在冬天)較容易忽略口腔清潔的重要性，建議餐後用溫水漱口。待體力恢復後，儘早用牙刷刷牙以保持口腔清新。	

Dr.Chen 門診問答　常見 Q&A

Q1 自然產的媽媽可以用「免痔」馬桶沖洗嗎？
A1 可以哦！

Q2 餵奶前可以用酒精清潔棉擦拭乳頭嗎？
A2 不可以！因為使用酒精清潔棉擦拭可能造成產後媽咪的乳頭(暈)乾燥龜裂。只要每日有沐浴並養成餵奶前勤洗手的好習慣的話，媽咪只要將「乳汁」塗抹在自己的乳頭上就可以直接餵奶。另外，建議勿邊餵奶邊滑手機等3C產品，研究顯示觸控式螢幕上有成千上萬的細菌，一旦沒有適度清潔手部就直接擁抱接觸寶寶的口鼻、眼睛等部位，恐會增加寶寶被細菌、病毒傳染的機會！

Q3 如何溫水坐浴會陰傷口？
A3 產後24小時候就可以開始溫水坐浴（可收斂傷口）。

返家時仍可「一天兩次」的溫水坐浴來促進會陰傷口的恢復及痔瘡收斂。

方法：坐浴盆置於椅子高度，勿放在地面上，以避免蹲下時的拉扯造成會陰縫合傷口裂開。用攝氏41度溫水加一瓶蓋「水溶性」優碘，浸泡「10~15」分鐘，浸泡過程當中建議做「凱格爾」會陰收縮運動，可防止日後有子宮下垂、漏尿、尿失禁和直腸脫垂等婦女疾病

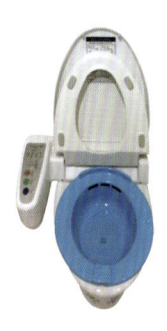

Q4 如何清潔乳房？
A4 餵奶前以溫水擦拭乳房即可，「不須」特別清潔。

Q5 如何照顧剖腹產傷口？
A5 剖腹產傷口表皮約7~10天癒合，之後使用「美容膠」直接貼於傷口上，保持清潔、乾燥，一星期換一次，連續使用「12個月以上」。產後3個月「內」建議使用「束腹帶」固定及支托下腹部以避免活動時牽扯傷口。剖腹產傷口有 紅、腫、熱、痛 且耳溫 ≥ 溫度38℃，要立即就醫。

Part 4 產後坐月子

四、坐月子期間的傷口照護

產後傷口『腫』又『痛』，怎麼處理？

辛辛苦苦生下寶寶之後，隨即而來的是傷口的疼痛，自然生產會在會陰留下傷口，剖腹生產會在腹部留下傷口，但媽媽該如何來照護傷口呢？

(一) 自然產 (會陰傷口)

1. 沖洗目的：

生產中為了讓寶寶順利產出，醫師會將會陰切開及縫合。因此，產後需會陰沖洗，避免傷口感染。

・沖洗方法：

如廁後或惡露量多時，以溫開水加「水溶性」優碘的沖洗壺沖洗外陰部，並以拋棄式乾紙巾由前往後按乾並且隨時保持清潔。

一瓶蓋水溶性優碘 10 c.c.

溫開水加優碘的沖洗壺

2. 溫水坐浴：

產後24小時可開始溫水坐浴（可收斂傷口），返家時繼續使用一天兩次的溫水坐浴來促進會陰傷口的恢復及痔瘡收斂。臉盆請置於椅子高度，勿放在地面上，以避免蹲下時的拉扯造成會陰縫合傷口裂開。

坐浴盆有三個洞孔的部份要擺在馬桶座後面

溫水坐浴

・溫水坐浴方法：

攝氏 41℃ 約 2/3 臉盆的溫開水加一瓶蓋水溶性優碘(10c.c.)，浸泡 10~15 分鐘，浸泡過程中建議做凱格爾會陰收縮運動，可以防止尿失禁、子宮下垂、漏尿及膀胱直腸脫垂這些併發症。

小叮嚀

自然產的會陰傷口縫線會被人體吸收，產後會陰沖洗及溫水坐浴仍需持續，大約持續 2 個星期。

▶ 凱格爾會陰收縮運動

1. **準備姿勢**：媽咪請舒舒服服地在沙發或椅子上坐下來，背部挺直，膝蓋放鬆並稍微分開。

    ①想像自己想要阻止放屁，或者「憋住」想要大便的渴望

    ②想像自己正坐在馬桶上在小便，用力緊縮用來阻止小便流下去的肌肉。

    ③想像自己在陰道裡用骨盆底肌肉夾住一個棉球。

2. **實際訓練**：

    坐在馬桶上小便時，把右手食指放進陰道裡，然後憋住尿，夾住食指，可以檢查所做的運動是否正確。

    現在就可以開始運動了，讓我們立即強力收縮陰道肛門肌肉連續5秒鐘，再放鬆10秒鐘這樣算一次，如此重複15次。這種運動每天要做45次以上，可以防止骨盆塌陷，治療婦女尿失禁、漏尿、子宮下垂及膀胱直腸脫垂等併發症。

> **小叮嚀**：坐在馬桶上正在解尿、解便的當下禁止做凱格爾運動！

▶▶ 自然產傷口疼痛處理

- **24 小時內**：
  使用冰敷減輕傷口疼痛，冰敷時間10~15 分／次，1~2 小時可冰敷一次。

- **24 小時後**：
  溫水坐浴。會陰疼痛會影響活動，日常活動要儘量避免牽扯到會陰傷口，坐姿時可使用氣圈置於臀部來減輕不適。

坐姿時可使用氣圈置於臀部。

(二) 剖腹產

1. 剖腹傷口的照護：

①剖腹產的傷口表皮 7~10 天癒合，出院後「過 3 天」要回診，回診前傷口不可碰水。

②回診後，傷口使用美容膠或人工皮直接貼在傷口上，保持清潔乾燥，一星期更換一次，連續使用 12 個月以上，會使傷口外觀較平整。

③使用束腹帶固定及支托傷口，至少要束滿一個月。

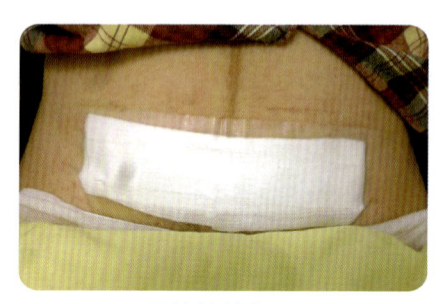

回診前的傷口
（傷口不可碰水潮濕掉）

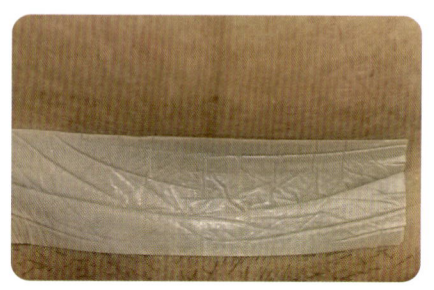

人工皮或美容膠直接貼在傷口上
（回診後的自我居家照護）

2. 剖腹產傷口疼痛的處理：

①使用有彈性無鋼條的束腹帶。

②下床時動作要輕柔緩慢，避免姿勢改變引起的拉扯痛。（可購買床邊輔助器協助下床）。

③咳嗽或走動時，手要輕壓扶住腹部傷口。

④束腹帶上緣要在肚臍下方，才能直接壓迫、止血及固定剖腹產傷口。

束腹帶置放的位置

床邊輔助器

床邊輔助器（側面照）

(三) 產後出血的觀察（產後出血：稱為惡露）

1. 產後的子宮收縮要如何觀察：

① 產後子宮會像一顆球凸在腹部表面（約肚臍位置）。

② 按摩方式：用手環形按摩子宮，或以棒球按摩使子宮堅硬如棒球硬度。

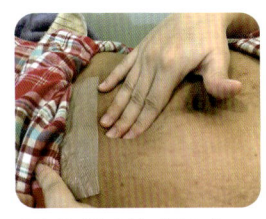

用手環形按摩子宮

小叮嚀 依順時鐘或逆時鐘方向皆可。

2. 惡露的照護：

① 產後每天觀察惡露的量、顏色、性質、氣味及是否有血塊。（一般而言，惡露中沒有血塊）

② 惡露量的評估：以一個小時內惡露在產褥墊上的量來評估。

③ 異常情況需立即回診。
- 突然一小時濕透整片的衛生棉。
- 排出比 50 元 硬幣大的血塊。

棒球按摩子宮

第 1~2 天	第 3~4 天	第 4~5 天	第 6~7 天	第 8~14 天
鮮紅色加血塊 **量較多** 整片衛生棉濕透	暗紅色 **量稍多**	淡紅色 **量中**	粉紅色 **量少**	淡黃色量最少 只有沾濕一點點衛生棉

(四) 日常生活需注意

1. 室內保持通風，可吹攝氏 25~28 度 冷氣，避免電風扇直吹頭部及身體。
2. 夏天可穿上薄上衣長褲，冬天穿厚棉襪。
3. 不要碰冷水、禁吹冷氣，頭髮洗完後馬上吹乾，並建議戴上帽子。
4. 少搬重物，少做勞動的事情。

Part 4 產後坐月子

5. 睡眠充足，保持心情愉快，**儘量避免爬樓梯**、**彎腰**、**蹲**或**屈膝**。

6. 看電視或閱讀書報時，要光線充足，距離適當，並注意適當休息。

7. 躺餵母乳時最好採**側身的姿勢**哺餵。**背、腰部要有枕頭支托**。（如右圖）

側躺餵母乳

Dr.Chen 門診問答 常見 Q&A

Q1 自然產或剖腹產傷口出現那些異常情況需立即就診？
A1 傷口出現**紅腫、灼熱、劇痛、黃色分泌物、血性滲出物或有發燒**（耳溫 ≥ 38 ℃）的情況需立即回診就醫。

Q2 產後 7 天內或傷口紅腫疼痛時，禁吃哪些食物？
A2 禁吃「麻油」、「薑」、「酒」、及「人蔘」等之食物，避免影響子宮收縮而導致產後出血。此時期三餐均衡攝取，食物以清淡為主，搭配香菇雞湯、鮮魚湯、豬肝湯、海鮮粥等蛋白質高的食物。

Q3 我擔心剖腹傷口會造成疤痕，如何預防？
A3
- 傷口有結痂者勿用手抓，讓其自然脫落。
- 每天用手指頭輕輕按摩傷口 3~5 分鐘。
- 傷口較平的人，可使用美容膠帶至少**12 個月**，並且每週更換美容膠一次。貼美容膠之前傷口請先塗抹一層去疤藥膏。
- 無論使用任何防疤產品，都建議耐心使用至少 12 個月以上。
- 避免陽光直接曝曬傷口，使疤痕顏色加深。
- 有些人因體質關係，疤痕會越長越大，有此體質的媽媽，建議儘早做好疤痕的護理及選擇方便的除疤商品，降低疤痕形成的機率。

五、成功哺餵母乳的技巧

　　由於政府衛生機關的大力推廣，哺乳知識已深入每個媽媽的腦海裡，母乳對嬰兒重要性的認知，使得大部分的媽媽願意盡其所能來學習哺乳資訊及技巧，好讓哺乳駕輕就熟。餵母乳雖然是很自然的事，然而卻不應該將其視為好媽媽的準則，對於不想餵或無法哺乳的媽媽，社會應予以尊重理解，讓媽媽們享受育兒過程的驚喜與快樂。

(一) 成功哺餵母乳，好處多多

1. 營養完整、豐富、易吸收。如：乳清蛋白、乳醣、脂肪酸。
2. 可強化免疫力。如：免疫球蛋白、核甘酸。
3. 對抗感染，減少不必要的發炎反應。
4. 增進親子關係，擁抱及肌膚接觸，可以讓寶寶有安全感，也容易安撫。
5. 幫助產後子宮收縮，寶寶吸奶時，媽媽體內會分泌催產素以利收縮。
6. 符合經濟效益，減少奶瓶、奶粉的支出。
7. 降低嬰兒猝死症，觸摸可以增加觸覺刺激，以利呼吸。
8. 降低媽媽罹病風險。如：降低罹患乳癌的風險。
9. 舒緩脹奶的不適，寶寶是最強的吸乳器，透過吸吮可以疏通乳腺。

(二) 母乳怎麼來？

　　腦下前葉分泌泌乳激素（Prolactin），而泌乳激素會在餵食後分泌以製造下一餐母乳。

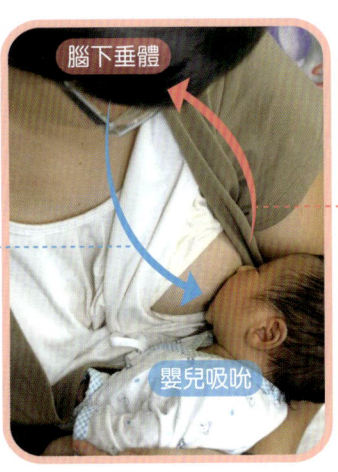

腦下垂體

由乳頭來的感覺傳導。

泌乳激素到血中。

泌乳激素（prolactin）經由血液輸送往乳房，集中後就會刺激乳腺，開始產生乳汁。

※夜間泌乳激素分泌較多，可抑制排卵。

嬰兒吸吮

（三）當乳房腫脹時，應先怎麼處理？

1. 可先冷敷（如涼敷球），並可排出一些奶水，使寶寶較容易啥乳及吸吮。
2. 儘早哺餵，隨時讓寶寶多吸乳房，若不能餵奶，也須學習擠奶技巧。
3. 暫緩發奶湯品的飲用，減緩脹奶的不適。如：魚湯、花生燉豬腳等，但可以吃肉，以補充蛋白質。
4. 可請月子餐送通乳茶，喝約3天。
5. 約 3~4 小時定時排空乳汁，擠奶前先按摩乳房。

> 小叮嚀
> 涼敷球的做法：
> 取一乾淨塑膠袋裝水放冰箱冷藏，隔著毛巾敷即可

涼敷球　　疏乳棒　　硬式棒球

（四）如何成功哺餵母乳？

1. 早期哺餵，足夠的肌膚接觸。
2. 只要體力允許，儘量母嬰同室。
3. 只要寶寶有飢餓反應就餵奶，不要固定時間。
4. 學習哺乳姿勢及寶寶啥乳方法，讓哺乳更輕鬆。
5. 多利用資源，尋求協助或網路影片教學。
6. 職業婦女可學習擠奶技巧及母乳儲存方式。
7. 堅定信念，放鬆心情，溫柔以對。

ㄇ型枕＋扶手＋腳凳

（五）餵奶的姿勢有哪些？

首先媽媽要調整好姿勢，可利用枕頭、抱枕、棉被、腳凳來墊高寶寶或當做支托，只要達到媽媽輕鬆哺乳即可。

1. 橄欖球式

像抱橄欖球，媽媽托著寶寶頭頸部。

用手臂將寶寶身體夾在腋下，支撐寶寶身體，讓寶寶的腳在你的背後。

枕頭墊在寶寶的身體下，讓寶寶的身體橫過你的胸部，**吸同側乳房**。

2. 改良式橄欖球式抱法

像抱橄欖球，媽媽托著寶寶頭頸部。

用手臂將寶寶身體夾在腋下，支撐寶寶身體，讓寶寶的腳在你的背後。

枕頭墊在寶寶的身體下，讓他的身體橫過你的胸部，**吸對側乳房**。

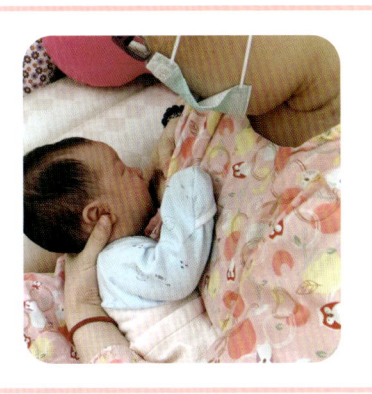

3. 搖籃式抱法：一般餵奶姿勢

先讓寶寶的頭枕在手肘。

媽媽的前臂支撐寶寶的身體。

寶寶的肚子貼著媽媽的肚子，他的一隻手繞到你背後，一隻手放在你胸前。

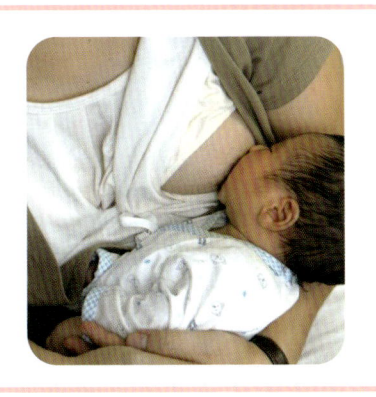

Part 4 產後坐月子

如何抱寶寶喝奶口訣

一面貼紙（支）

- **一** 一次只看到一邊的手和腳
- **面** 寶寶面向乳房
- **貼** 寶寶和媽媽肚子貼肚子
- **支** 支托寶寶的頭部與身體

(四) 如何讓寶寶正確啣乳？

寶寶應啣住大部分的乳暈。

⬇

鼻子或上唇正對著媽媽的乳頭。

⬇

可用乳頭輕觸嘴唇來鼓勵寶寶。

⬇

等寶寶嘴巴張得像打哈欠般那麼大。

⬇

協助寶寶靠近乳房，讓寶寶的下唇儘可能外翻。

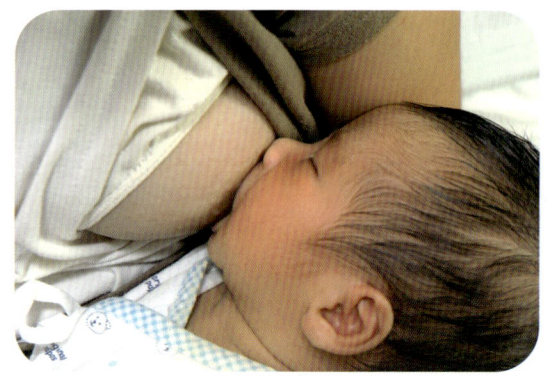

可用乳頭輕觸嘴唇來鼓勵寶寶

寶寶應含住媽媽大部分的乳暈

⭕ 寶寶啥的正確	❌ 寶寶啥的不正確
· 快速吸幾口後會變成慢而深的吸吮。 · 剛開始吸吮時，媽媽可能會覺得疼痛，但之後疼痛感會慢慢消失，餵奶就不痛了。	· 嘴巴張不夠大，嘴巴噘起。 · 下唇內翻，兩頰凹陷。 · 可聽到啪吋聲。 · 要啥多一點的乳量。

若持續疼痛，可能是寶寶啥的不好，你可以這麼做：

先以手指輕壓寶寶嘴角或媽媽的小指深入寶寶嘴角壓一下寶寶的牙齦。	▶	讓寶寶停止吸吮，再將乳房移出嘴巴。	▶	讓寶寶重新啥乳。

寶寶啥乳上去後，妳可以一次餵一邊或一次餵兩邊（有一邊讓寶寶吸久一點），不限時間與次數，餵到寶寶自己自動離口。

(七) 怎麼知道寶寶有沒有喝到足夠的奶？

1. 體重變化：前 3 個月每**週**體重增加 **125~150 公克**。
2. 尿量變化：一天可尿 **6~8 片**顏色**淡黃**有重量感（等同 **2 片乾尿布**的重量）的尿片。
3. 大便變化：一天至少 **3~4 次**大便，量約 10 元銅板大小。

饑餓反應	飽食反應
・嘴巴張開 ・哭鬧 ・身體緊張握拳 ・舌頭會伸出 ・用力吸奶 ・尋乳反射明顯 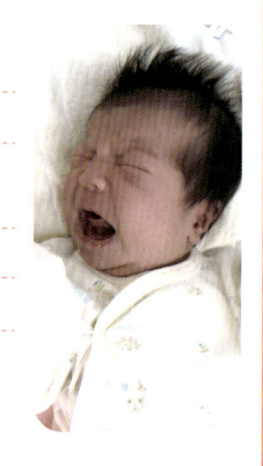	・嘴巴一直要離開乳頭 ・安靜 ・身體、手放鬆 ・吸著乳頭就睡著了 ・不認真吸奶 ・尋乳反射減弱 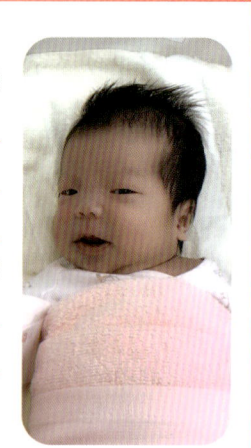

(八) 如何維持奶水的分泌？

1. 產後及早哺乳，配合寶寶需求來餵奶。
2. 增加哺乳或維持擠乳的次數，**一天 6~8 次，每 3~4 小時哺（擠）乳一次。**
3. 正確舒適的哺乳姿勢。
4. 餵奶或擠奶前喝**熱飲**，如桂圓紅棗茶，洗熱水澡，聽喜歡的音樂。
5. 培養優質休養生息的時段，媽媽可利用短暫的休息時間讓心情愉悅放鬆。
6. 均衡飲食即可，但媽媽要**少吃**含咖啡因、油炸、辛辣等食物。

(九) 上班的媽媽如何哺乳？

1. 在產假中儘量哺餵母乳，及早建立乳汁的供應。
2. 上班前數日練習擠乳，也需熟知母乳儲存方式。
3. 取寶寶需要的量來溫奶，乳汁以**隔水加溫**的方式來溫熱。
4. 回到家中後換件乾淨衣服，洗澡洗手後在家中儘量親自哺乳。
6. 利用休息時間擠奶，可錄寶寶哭聲或看相片刺激奶陣。

擠奶分解動作
哺乳媽媽如何擠出奶水？

擠乳前應徹底清潔雙手，並備妥乾淨容器

用**大拇指**及**食指**輕輕往胸壁**內壓**，再壓住乳頭及乳暈後方，反覆壓放

側面圖

由乳房各部位反覆擠壓數次，會開始滴出奶水；當噴乳反射活躍時，奶水會大量湧出

- 先由一側乳房擠到奶流變慢，再換邊擠乳，可反覆數次
- 擠乳時，應避免摩擦皮膚或壓拉乳頭，以免乳頭破皮受傷
- 正確擠乳不會疼痛，若感疼痛，可向醫護人員諮詢

（十）如果寶寶不吸奶怎麼辦？

1. 多與寶寶親近，找回尋乳的本能，有些寶寶在半夢半醒時較願意吸吮乳房，這時需要多些耐心及時間。
2. 持續擠奶，**維持**奶水分泌。
3. 順其自然不強迫，媽媽儘量不要因為寶寶不吸乳房而感到焦慮及挫折，甚至對寶寶生氣，這會影響親子關係及減少泌乳量。
4. 找出寶寶不吸乳房的原因，例如：**寶寶身體不適、鼻塞、抱得不舒服或太熱、或胃裡有空氣、或衣服有異物**（如毛髮、衣服上的標籤）。

Part 4 產後坐月子

Dr.Chen 門診問答　常見 Q&A

Q1 母奶擠到奶瓶中會不會沒有營養？
A1 不會哦！前後奶都排出，不至於會有營養不均的情形。

Q2 寶寶喝奶一直睡覺怎麼辦？
A2 可以將包巾打開，換個尿布，搔搔寶寶背部，刺激腳底，跟寶寶說話，拍嗝，這些方法都可叫醒寶寶。

Q3 寶寶一直打連續嗝還可以繼續餵嗎？
A3 可以哦！當寶寶喝奶過快或吸入冷空氣時，會使胸腔和腹腔間的膈神經受到刺激引發收縮造成打嗝，建議先暫停哺餵，經拍嗝之後，可再嘗試哺餵看看。

Q4 親餵完還要再擠奶嗎？
A4 若是要追奶的媽媽，可以在親餵完再完全排空乳房。若是媽媽考慮全職帶小孩，可嘗試全親餵，約 2~3 小時餵一次，如此會慢慢供需平衡，就不用再擠奶了！

Q5 什麼是奶陣？
A5 奶陣就是餵奶或擠奶時產生的**噴乳反射**，奶陣來時，乳汁會從一滴一滴緩慢流出變成量多、流速快的母奶，乳房會感覺麻麻癢癢的。

小叮嚀

認識乳腺炎：

★乳房腫脹或是輸乳管阻塞沒有好好處理結果，使細菌侵入乳房組織引發感染

★乳腺炎常見症狀：
乳房皮膚紅腫發熱有硬塊
乳房嚴重的疼痛
發燒 38℃以上
全身倦怠疲憊會畏寒

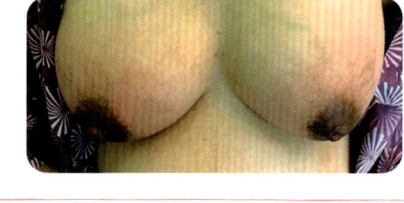

五、成功哺餵母乳的技巧

Q6 母奶會越餵越沒有營養嗎？

A6 不會哦！6 個月後的母乳並不是沒有營養的，只是母乳的脂肪含量會減少，但免疫細胞仍然存在，所以仍然可以提供寶寶良好的免疫力喔！

Q7 乳頭小水泡或「小白點」是什麼？

A7 通常是因為寶寶含乳不正確或吸吮力道太大、吸吮時間太長所引起。而乳頭上的小白點通常和乳腺管阻塞有關。

Q8 產後乳房乳頭若發現有白點，正確處理方法為何？

A8 可使用「無菌」紗布以「生理食鹽水」或「橄欖油」「濕熱敷」乳頭，讓乳頭上的白點角質層軟化，接著多讓寶寶吸吮，建議「勿」自行使用「針頭挑開白點」，避免感染,若無改善，需尋求專業人員協助。

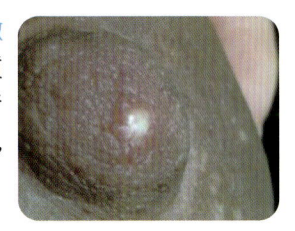

六、產後乳腺炎的照護

乳腺炎為乳房組織的發炎，通常發生在哺乳婦女居多，而乳腺阻塞與乳腺炎症狀類似，乳腺阻塞症狀沒有乳腺炎嚴重，有時要分辨輕微的乳腺炎或嚴重的乳腺管阻塞是很困難的。

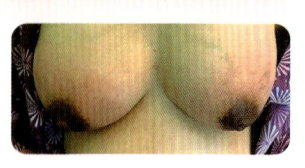

	乳腺炎	乳腺阻塞
症狀	乳房紅、腫、熱、痛身體感覺畏寒、疲憊	乳房有腫會痛但不紅不熱
乳房硬塊	有	有
體溫	會發燒，耳溫 ≥ 38℃	不會發燒
藥物治療	需要	不需要

(一) 乳腺炎發生原因：

1. **微生物感染：**

    ①媽媽乳頭或乳房受傷，細菌從傷口進入，感染源可能來自嬰兒口腔分泌物的細菌或病毒。

    ②媽媽指甲中的細菌或身上的衣物等⋯都有可能隱藏致病細菌。

2. **乳頭受傷：**

    ①媽媽不當使用吸乳器。

    ②寶寶含乳姿勢不正確。

    ③寶寶吸吮時間太長。

3. **乳腺管阻塞：**
   ① 含乳姿勢不正確結果造成乳汁沒有移出乳房。
   ② 食用過多含「高脂肪」食物。
   ③ 奶水過多但未定時擠奶或無餵奶。
4. **乳房承受過度的壓力：**穿著過緊的內衣或衣服。
5. **心理因素：**媽媽壓力過大或因為過度忙碌而減少餵奶的次數。
6. **外力因素：**突然的外力撞擊或過度刺激乳房而引起乳房組織受傷。

(二) 如何預防乳腺炎：

1. 要勤洗手、有正確的擠乳技巧、穿著乾淨衣物及保持良好的衛生習慣。
2. 觀察寶寶含乳姿勢及吸乳器使用方法是否正確，勿使乳汁產生過多造成乳管阻塞。
3. 清淡飲食、適量攝取湯湯水水。
4. 穿寬鬆且乾淨的內衣或衣服，保持輕鬆的心情。
5. 定時擠奶及勤親餵並且適度調整哺乳姿勢，哺乳不限時間與次數。
6. 勿過度擠奶及用力按摩。

乳腺炎何時就醫：
發燒38℃以上、疲憊、畏寒、乳房外觀紅腫熱痛。

改善措施：
- 多休息
- 擠完奶涼敷或使用藥物減輕疼痛、勿熱敷
- 仍要定時擠奶或持續哺乳
- 使用抗生素，勿自行停藥

貼心實驗室

如何製作冰敷球
1. 取一個乳膠手套裝水後綁緊
2. 再用紗布裹起來綁好後冷藏
3. 使用完冰回冷藏可重複使用唷

Part 4 產後坐月子

Dr.Chen 門診問答　常見 Q&A

Q1 乳腺炎常見的症狀有那些呢？
A1 乳房皮膚紅腫發熱有硬塊，乳房嚴重的疼痛，會發燒38℃以上且全身感覺畏寒、疲憊。

Q2 奶量多的媽媽，除了藥物之外，還有哪些方法可以「退奶」？
A2
① 「減少」擠奶次數及「延長」擠奶時間，每次擠到舒服即可，勿過度刺激乳房，才不會使乳汁更多。例如：5個小時擠一次，擠到不會感覺到脹痛，擠到舒服就好，切勿榨乾或排空乾淨，大約2天後，再延長至6個小時擠一次，以此類推。
② 限制液體的攝取，少飲用湯品。
③ 食用退奶食物，例如：喝生麥芽水、吃韭菜、人蔘……等。也可食冷性的蔬果及飲品，例如：白蘿蔔、大白菜、苦瓜、竹筍、冬瓜、水梨、椰子汁、麥仔茶等。
④ 增加「涼敷」的次數與時間，一次涼敷時間約10~15分鐘。
⑤ 穿著較緊身的內衣，抑制乳汁的分泌。
⑥ 退奶的同時，也要注意乳腺炎的症狀哦，乳房外觀若呈現紅、腫、熱、痛、體溫>38℃，就要就醫哦！

六、產後乳腺炎的照護

Q3/A3 「雷氏」症候群與乳腺炎有何不同？

	雷氏症候群	乳腺炎
原因	血管「痙攣」造成的血流供應不良。 1.寶寶含乳不良。 2.喇叭罩尺寸不對。 3.吸乳器吸力太強或使用時間太長。	細菌感染 1.沒有確實洗手。 2.乳腺阻塞及不當擠奶，結果使乳房組織受傷。 3.哺餵或擠乳姿勢不正確使乳房皮膚受損、乳頭皸裂。
症狀	餵奶或擠奶結束，當寶寶或喇叭罩離開乳房的那一瞬間，乳頭會有刺痛的感覺，乳頭有時候會由正常的顏色呈現變白（缺血）現象。	乳房外觀呈現紅、腫、熱、痛、耳溫 ≥38℃、有畏寒症狀。
發燒	不會發燒	會發燒 >38℃合併畏寒
處理	1.用「溫水」毛巾保暖乳頭，勿接觸冷空氣。 2.橄欖油：以手指沾橄欖油弄溫，輕柔的將油按摩到乳頭上，這時可舒緩乳頭燒灼疼痛。 3.補充維生素B6。	1.多休息。 2.擠完奶「涼敷」來減輕疼痛、「勿熱敷」。 3.仍要定時擠奶或持續哺乳。 4.使用抗生素，勿自行停藥 5.減少食用會發奶的溫水和食物。

167

七、母乳的儲存

母乳是上天賦予每一位媽媽哺餵嬰兒最珍貴的糧食。母乳的儲存過程和管理攸關母乳中活細胞的量、活性、功能，媽媽在集乳後如何保持母乳的品質是寶寶照護中的一門學習。

(一) 母乳儲存注意事項

1. 擠好的母奶在奶瓶註明擠奶時間後冰存。
2. 收集好的母乳**不要放在冰箱門邊**，因為冰箱門開開關關溫度不穩定，應放置在**冰箱冷藏室**最上層的後方。

註明集乳時間

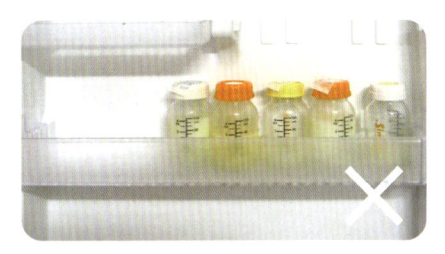

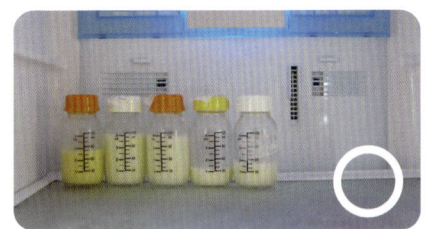

3. 上班地點若無冰箱，可用小冰桶、保麗龍盒、燜燒鍋……之類的保冷容器，並放入冰寶、冰塊、保冷劑、……等，以確保奶水新鮮度。
4. **同一天**（24 小時）擠出的奶水放置冰箱，**溫度相同**才可倒在一起，並註明最早收集的時間。

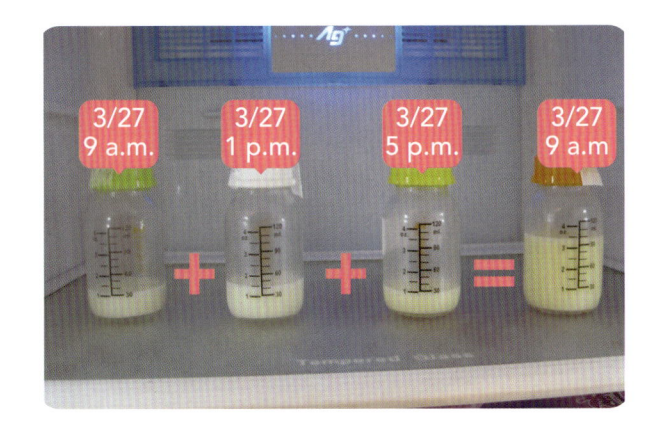

七、母乳的儲存

5. **冷凍**過的奶水，**油脂**會浮在上面，會分為**兩層**是正常現象，使用前輕微搖晃使上下混合均勻。

6. **確保奶水食用時間：**
   ①擠出之奶水若**1小時**內不會使用，應立即放入冰箱冷藏。
   ②**冷藏48小時後**不會使用，應裝入集乳袋冷凍處理。

   冷藏滿 2 天若不確定會使用，裝入集乳袋約 **8 分滿**即可，避免冷凍過程過度膨脹撐破集乳袋。

7. **母乳儲存的時間：333 原則**

冰存溫度/儲存型態	剛擠出來的奶水	冷藏室內解凍的奶水	溫水解凍的奶水
室溫 25℃ 以下	3 小時	4 小時	當餐使用
冷藏室 (0~4℃)	3 天	24 小時	4 小時
獨立的冷凍室	3 個月	不可再冷凍	不可再冷凍
-20℃ 以下冷凍庫	6~12 個月	不可再冷凍	不可再冷凍

・由冷凍庫拿至冷藏室解凍的母奶須在 **24 小時內**使用完畢（如附圖 1）
・在冷藏室解凍後的母奶，室溫 25℃以下 **4 小時內**用完（如附圖 2）

169

Part 4 產後坐月子

| 冷凍庫 | 冷藏室 24 小時內用完
（附圖 1） | 4 小時內用完
（附圖 2） |

8. 使用溫水解凍

若未事先將冷凍奶拿至冷藏室解凍，而急需使用冷凍奶時的使用步驟如下：

1. 先從冷凍庫取出要使用的冷凍奶		
2. 在集乳袋**密封**狀態下，可將冷凍奶放置涼水盒中或沖水漸進式稍微解凍一下	 放涼水盒 	沖水
3. 再用攝氏 60℃ 以下的溫水來解凍奶水，水位**不可**超過封口，避免污染奶水		

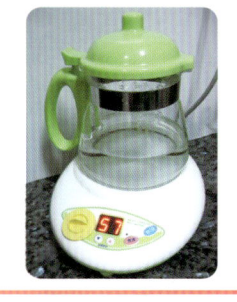

小叮嚀

1. 在室溫下，要將已經溫水解凍完畢且有就口喝過的奶水，**當餐就要使用完畢**，**勿**隔餐再使用
2. 已溫過的冷凍奶倒出所需奶量後，集乳袋內剩餘的奶水密封好，待冷卻後可放回冷藏室，並於 **4 小時內**用完

(二) 母乳庫存的管理

1. 哺乳期間：後進先出原則　（越新鮮的越好）
2. 已無哺乳：先進先出原則　註：早產兒以後進先出原則
3. 母乳庫存管理在策略上要有彈性

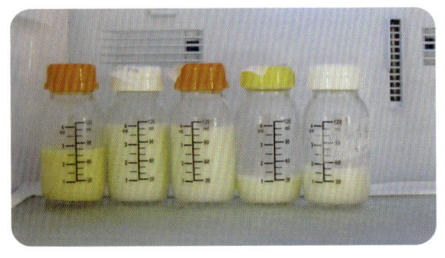

冷藏奶　　　　　　　　　　冷凍奶

(三) 冷凍奶解凍加溫注意事項

1. 冷凍的奶水，可於前一晚拿到冷藏室慢慢解凍（約需 12 小時）。
2. 完全解凍後，再倒出所需的母奶量加溫使用。
3. 冷藏的奶隔水加溫，不可超過 60℃，絕不可以使用微波爐、電鍋解凍，因為會破壞母奶中的活細胞和抗體。
4. 應當餐吃完，沒有吃完就需丟掉。
5. 當奶水變涼時，就會開始有味道，可能是媽媽的奶水中脂肪含量較多，請再加溫後再給寶寶使用。

(四) 職場哺乳

1. 回歸職場時請視情況調整擠奶時間，儘量維持原先的擠奶次數。
2. 上班前及下班後抱著寶寶直接哺乳，以避免奶量日漸稀少。
3. 職場媽媽趁上班空檔擠奶，要將乳汁冷藏或冷凍，最少需 4 小時擠一次。
4. 擠奶時可看寶寶的照片或影片、聽寶寶的聲音、聞寶寶衣服的嬰兒香，撫觸自己乳房、或冥想寶寶可愛的模樣，都可以刺激奶陣（噴乳反射）促進奶水流出。

Part 4 產後坐月子

Dr.Chen 門診問答 常見 Q&A

Q1 冷藏奶為何不直接冷凍起來就好？
A1 冷藏奶保存時間短，在冷藏 2 天內母乳中營養因子可保持不錯的品質；冷凍奶可保存 3~6 個月，但營養因子流失較多；不過都比配方奶的價值高。

Q2 瓶餵未喝完的母奶是否可放回冷藏室待下一餐再使用？
A2 不適宜。寶寶的口腔內並非無菌，已就口的奶嘴頭沾有口腔唾液，易有滋生細菌的機會；所以當餐1小時內未喝完不宜再儲存使用。

Q3 為何不適合用微波爐解凍奶或溫奶？
A3 微波爐是利用電磁波來回震動原理，使食物中的分子在磁場內互相碰撞磨擦產生熱效能，此過程會破壞母奶中的養分，且微波加熱的熱點不均勻易燙傷寶寶的舌頭。

Q4 母乳與配方可以混在一起餵嗎？
A4 不可以。配方奶是以開水計量，母奶不是開水，母乳內的活細胞在不同滲透壓下會遭破壞，因細胞外濃度的高或低會造成細胞的脫水或脹破，且母奶中的某些營養成份會受到配方奶干擾影響吸收。

Q5 親餵寶寶吸奶和擠奶器吸出乳汁有何不同？
A5 親餵時寶寶含乳吸吮會對乳暈產生刺激，讓乳頭傳遞泌乳需求給大腦的腦下垂體，藉由這個生理回饋，腦下垂體會釋出更多的愛的賀爾蒙（催產素和泌乳激素），讓媽媽分泌更多乳汁及乳腺更順暢，媽媽也享受放鬆的舒適感。

【備註】泌乳激素（prolactin）腦下垂體前葉分泌，讓乳房產生乳汁。催產素（oxytocin）腦下垂體後葉分泌，讓乳汁噴出。

七、母乳的儲存

Q6 親餵和母奶瓶餵有何差別？

A6 親餵是母奶直接送入寶寶口中，營養因子、抗體活細胞不流失；瓶餵則因母奶中有些活細胞會附著在瓶壁上，相較會流失一些。

Q7 哺乳期間可以喝茶、咖啡嗎？

A7 **可以喝少量**；但儘量少飲用。因為寶寶的身體無法代謝或較敏感，易造成躁動不安及夜裡睡眠問題。

Q8 家裡長輩煮全米酒的麻油雞，媽媽食用後餵母乳是否有影響？

A8 高濃度酒精的進補湯品，於食用後約半小時 ~1 小時奶水中酒精濃度最高（有個別差異性），代謝時間約需 1.5 小時（酒精濃度越高代謝時間越長），此時媽媽要留意食用的時機及餵奶的時間點。建議在**食用後 2~3 小時內不進行哺乳**。

Q9 出現「草莓奶」怎麼辦？寶寶可以喝嗎？

A9 寶寶**可以喝**，**儘快用完**。手擠奶時注意力道，勿過度擠壓，如使用吸乳器強度要適中，使用時間勿過長。

Q10 如何分辨前、後奶，營養成份是否相同？

A10 **前**奶是**水份**、蛋白質、維生素、礦物質、乳糖含量較多，外觀像**洗米水**；**後**奶是**脂肪**含量較多，顏色似鮮奶。母奶中的成份因分子大小、比重的不同，依其擠出時的色差區分前、後。母奶中的脂肪是寶寶的主要熱量來源，所以「**前奶解口渴，後奶解飢餓**」，寶寶要喝到後奶才有飽足感。

Q11 不同日期的 2 瓶冷藏奶，可以倒在同一瓶溫給寶寶喝嗎？

A11 當下要喝的話可以。

八、奶瓶選擇與消毒

現今奶瓶消毒的方法有很多，消毒的方式分別有蒸氣消毒法、蒸氣加烘乾消毒法、紫外線消毒法…等，在此教導各位媽媽奶瓶消毒的方法，並教媽媽如何挑選適合寶寶使用的奶嘴及奶瓶。

(一) 奶瓶材質的分類

塑膠	優點	缺點
PES（聚醚）	奶瓶較輕、耐摔不易破裂、沖泡加熱或蒸氣消毒不易產生化學毒素、不含雙酚A、耐熱180℃	易殘留奶垢不易清洗，容易刮傷
PPSU（聚亞苯基）	奶瓶本體為琥珀色，奶瓶較輕、耐摔不易破裂、沖泡加熱或蒸氣消毒不易產生化學毒素、不含雙酚A、耐熱180℃	易殘留奶垢不易清洗，容易刮傷
PP（聚丙烯）	比PC奶瓶輕巧，不會產生環境荷爾蒙（雙酚A），質地較軟，較PC奶瓶不易產生刮痕，採霧面設計，可避免光線照射影響母乳品質，可冷凍，常做貯乳瓶。	耐熱120℃，受高溫易變形。

八、奶瓶選擇與消毒

玻璃	優點	缺點
	不易刮傷、好清洗、加溫不易起化學變化	容易摔破

(二) 奶嘴材質分類及用法

乳膠	矽膠
乳膠材質易變質且不耐高溫，不建議使用。	矽膠材質為一般市面上販售的呈白色透明，不易變質且耐高溫。

1. 奶嘴洞可分為：

- 圓孔適合新生兒及三個月前的寶寶使用，流量控制在一秒1滴，避免寶寶嗆到。
- 十字孔通常使用在添加副食品或寶寶吸吮量較大時使用。
- S 號：適合 0~3 個月
- M 號：適合 3~6 個月
- L 號：適合 6 個月以上

(三) 奶瓶消毒方法

1. 煮沸法：

①將洗淨的玻璃奶瓶放入不鏽鋼鍋中，加入適量冷水（防止破裂），**水量需蓋過奶瓶**，**蓋上鍋蓋**，放置爐上加熱。

②待**奶瓶煮沸 10~15 分鐘**後，再放入**奶嘴、奶嘴固定圈及奶瓶蓋**，之後再煮 **3~5 分鐘**即可。

③冷卻消毒過的奶瓶，以奶瓶夾夾起並倒扣瀝乾，置於乾淨通風處。

2. 蒸氣鍋消毒法：

①依產品指示的水量倒至鍋中。

②將洗淨的奶瓶、奶嘴、奶嘴固定圈、奶瓶蓋一起放入後並按上開關。

③待其消毒完畢，消毒鍋會自動切斷電源。

蒸氣鍋

3. 紫外線消毒法：

先將奶瓶清洗乾淨後，放入紫外線消毒鍋內再依說明書操作。

寶寶的健康除了媽媽的細心照顧外，奶瓶消毒也是很重要的，建議媽媽們奶瓶數量可事先準備 6~8 支，因**奶瓶若消毒超過 24 小時沒有使用的話，必須再重新消毒**，而**奶瓶消毒須持續至寶寶一歲大**，以減少寶寶腸胃道感染的機會喔！

紫外線殺菌機（附乾燥功能）

八、奶瓶選擇與消毒

Dr.Chen 門診問答 常見 Q&A

Q1 奶嘴多久換一次？
A1 基本上 3~6 個月，但要視使用率決定汰換時間。

Q2 奶瓶內有水蒸氣，可以使用嗎？
A2 可以的，因為奶瓶內水蒸氣是已經經過高溫消毒殺菌過的。

Q3 十字洞適合新生兒使用？
A3 較不適合，新生兒使用小圓孔奶嘴；十字孔通常使用在添加副食品或寶寶吸吮量較大時使用。

Q4 需準備幾支奶瓶才夠 Baby 使用？
A4 6~8 支（小的 2 支，大的 4~6 支）

Q5 選擇何種奶瓶刷較不易刮傷奶瓶？
A5 軟毛、海綿或矽膠刷。

Q6 清洗奶瓶、奶嘴使用清水即可？
A6 餵奶的奶嘴及奶瓶先泡奶瓶清潔劑後清洗。

Q7 乳頭保護套是否使用煮過的熱水燙過即可使用？
A7 是。

Q8 吸乳器之喇叭罩如何消毒？
A8 可使用蒸氣消毒法，另外，不使用紫外線，可按紫外線殺菌機上的「乾燥」功能鍵即可。

九、寶寶安撫技巧

剛出生的寶寶不會說話，只好利用「哭」來向父母表達他們需求。所以，哭不見得都是不好的。隨著照顧寶寶的天數增加，父母也將逐漸會分辨寶寶不同哭聲所代表的意義。

寶寶常見哭鬧的原因

1. 肚子餓了

當寶寶哭鬧，被抱起來時，會四處找妳的乳房（出現尋乳反射），表示他可能又餓了。

安撫技巧
* 如果寶寶想吃就繼續餵。

2. 外界環境刺激過度

剛出生的寶寶還不能完全接受外界刺激，（比如光線、聲音），因此他們很容易因受刺激過量而崩潰大哭。空氣中的刺激物，（例如：香煙味、驅蚊花露水、油漆……等，可能會使寶寶的呼吸道發生過敏而阻塞，接下來，寶寶就會以哭鬧來反應身體的不舒服。

安撫技巧
* 重視寶寶的睡眠
  寶寶在得到充分睡眠休息以後，適應環境的能力將隨之提高。
* 帶寶寶外出去散步
* 在晦暗寧靜的房間內抱著寶寶走動，可以安撫寶寶哭鬧情緒。

3. 餵養不當

寶寶進食的習慣和父母餵奶的方式，有時會導致寶寶不適和痛苦，若在餵奶期間，發現寶寶露出痛苦神色，不能乖乖把奶吸完，就表示需要調整餵奶方式。

安撫技巧

* 餵奶「前」一小時避免劇烈運動，因運動會使身體釋放出一種改變母乳味道的物質，讓寶寶不喜歡。
* 餵完奶後允許寶寶繼續吸吮乳頭或奶瓶，也可以給他吸吮奶嘴來滿足寶寶的口慾，即使寶寶不餓，吸吮也能平穩心跳，讓他的肚子放鬆，並使他躁動的手腳平靜下來。
* 餵母乳的媽媽要注意自己吃的東西，攝取過多洋蔥或辛辣食品，會影響母乳的味道。咖啡、豆類、葡萄乾或青花椰菜等容易產氣的食物，則會造成寶寶胃部不適。

4.身體不舒服

可能是尿布濕了、溫度變化（太冷或太熱）、皮膚乾燥發癢、尿布疹……等原因讓他哭鬧不休，父母可仔細觀察寶寶，比如脫掉寶寶衣服或在換尿布時觀察寶寶身體。寶寶覺得冷了、或者是寶寶臉上、包尿布部位有發炎的跡象，他都會用「哭鬧」來表達自己的不舒服。

安撫技巧

* 有些寶寶不在意尿布溼了或髒了，有些則很在意。因此如果發現尿布溼了或髒了，請立即更換之外，也可預防尿布疹。
* 剛出生的寶寶喜歡被暖暖和和地包起來。摸摸寶寶的背部或肚子，看看他是否過熱或過冷。原則上，他需要比你多穿一層衣服，這樣寶寶才會覺得舒服。

5.腸絞痛引起的哭鬧

在寶寶未滿四個月之前，其腸壁神經發育不成熟，腸道容易蠕動過快，而導致腸道痙攣疼痛稱腸絞痛，寶寶在晚上會發生反覆發作的哭鬧，哭聲高亢且連續，發作時很難安撫。一般開始為3週大時，是導致3個月內嬰兒哭鬧不安且睡不安穩最常見的原因。判斷腸絞痛的333規則就是：

一天哭超過3小時 ＋ 一個星期超過3天 ＋ 時間超過3個星期

且再加上寶寶是健康的，食慾也正常，沒有合併其他問題，這樣就可以考慮嬰兒腸絞痛這個診斷。如果碰到嬰兒腸絞痛，父母可以先考慮一下自己餵奶的方式正不正確，奶嘴的口徑會不會太大，拍打嗝方式對不對，如果是哺餵母奶的媽媽，可以考慮減少高過敏的食物（例如：奶、蛋、堅果……等），如果是使用配方奶，則可以選擇水解蛋白配方奶粉。

> **安撫技巧**
> * 可在寶寶肚臍周圍塗抹嬰兒脹氣膏，順時鐘腹部按摩，幫助寶寶排氣與排便進而緩和腸痙攣。
> * 把嬰兒包裹起來可以增加寶寶的安全感或將寶寶直立式抱在胸前。

6.疾病問題

對有些寶寶而言，「哭泣」可能是生病的第一個徵兆之一。發燒、感染或其他疾病都可能令他哭泣。假如你找不出寶寶哭泣的原因，或者發現一般安撫寶寶的方法無效時，就必須請兒科醫師幫忙看一下是否有身體上的不舒服？

寶寶三大安撫神器比較

安撫神器	媽媽乳頭	寶寶手指	奶嘴
種類	左右兩邊，形狀些許不同	十隻手指都不一樣	形狀大小選擇多元
清潔方法	媽媽自行清潔	勤用肥皂、清潔液洗手	消毒鍋或沸水煮沸
優點	不需購買	不需購買、永遠不會不見	汰換、清潔方便，降低「嬰兒猝死症」
缺點	媽媽乳頭會破皮、身心俱疲，寶寶恐蛀牙	手指皮膚、指甲容易有傷口引起發炎或反覆濕疹	影響乳牙排列，造成暴牙，長期使用可能增加中耳炎
危險性	無	無	若有繩子固定，需小心造成窒息
戒除時間	寶寶長牙後開始慢慢戒除	較難戒，因為手是自己的	一歲左右至三歲前

Dr.Chen 門診問答 常見 Q&A

Q1 / A1 如何居家安撫寶寶腸絞痛的症狀？

以「母乳」或「水解蛋白」配方奶粉哺餵寶寶，並為寶寶「順」時鐘按摩腹部。

Q2 / A2 判別嬰兒腸絞痛的「333」原則為何？

1. 寶寶在晚上會發生反覆發作的哭鬧，哭聲高亢且連續，發作時很難安撫。
2. 一天哭超過3小時 ＋ 一個星期超過3天 ＋ 時間超過3個星期

Q3 / A3 寶寶除了身體不舒服外，還有哪些原因會讓寶寶哭鬧呢？

有時候是寶寶的「貼身衣服」有「毛髮」、「衣服標籤」或「異物」造成寶寶不舒服，可以脫掉寶寶的衣服並仔細檢查是否有異物藏在衣服內造成寶寶身體的不舒服。

十、臍帶護理

從臍帶剪斷後到脫落的這段時間裡，該怎麼細心的照護臍帶是重要的課題。若臍部潮溼或清潔不當，會讓寶寶很容易遭受感染；為了避免這樣的狀況發生，臍帶護理一定得確實作好才行唷！

(一) 護理目的

保持臍帶乾燥、促進臍帶脫落、預防臍帶感染。

> **溫馨提醒**：臍帶本身並無神經，所以臍帶護理是不會痛的，如同剪指甲一樣。

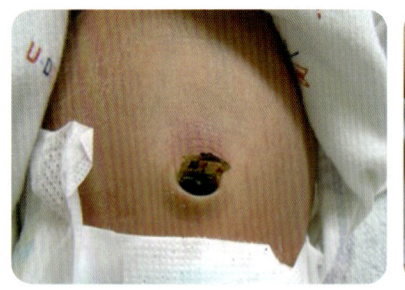

寶寶出生 7~10 天後，臍帶將會開始萎縮、乾燥、乾黑。

寶寶出生 2 週~1 個月後臍帶漸漸脫落。

脫落的臍帶

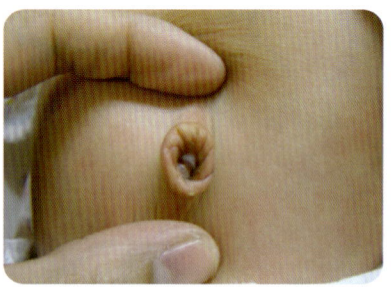

(二) 準備用物

1. **75% 酒精**消毒力強能深入細胞內部，使細胞質凝固進而喪失功能，達到殺菌的效果。
2. **95% 酒精**有良好的揮發性，可幫助消毒過的臍帶快速乾燥。
3. 一定要使用滅菌型棉棒（單頭）來清潔及乾燥臍帶。勿使用一般家用清潔型棉棒（雙頭），避免感染。

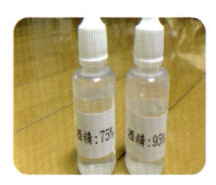

> **溫馨提醒**：進行臍帶護理前，請務必洗手，至少搓揉 40~60 秒以上，才能達到殺菌消毒的作用。

十、臍帶護理

洗手時機

- 餵奶前
- 擠奶前
- 洗澡前
- 換尿布後
- 臍帶護理前

手部清潔步驟

正確洗手步驟

移除戒指、手錶、手套，適當**酒精性洗手液**倒於一隻手掌中

內 → 外
掌心對掌心互搓揉 5 次 　　掌心對手背互搓揉 5 次

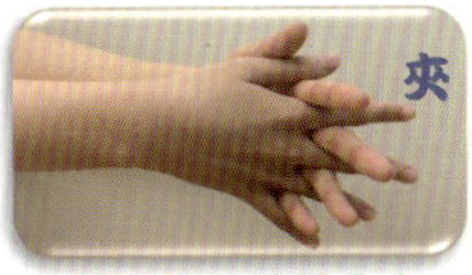

夾 → 弓 → 大
指縫間互搓揉 5 次 　　旋轉洗淨雙手指背 　　虎口輪狀搓揉左右 5 次

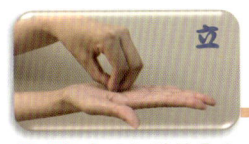

立 → 腕
雙手指尖互相搓揉 5 次 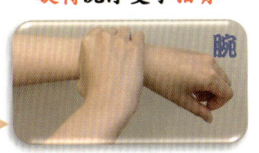　　搓揉手腕左右各 5 次

乾洗手時間約 20-30 秒

183

(三) 護理方式

臍帶護理口訣　機 + 酒 玩一圈　➡　75% 消毒 + 95% 乾燥，環形繞一圈

- **臍帶未脫落前的消毒方式**

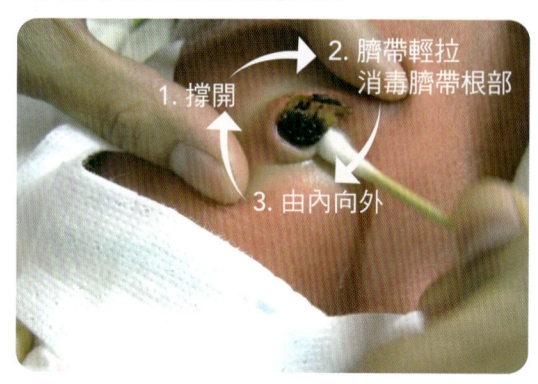

1. 撐開
2. 臍帶輕拉 消毒臍帶根部
3. 由內向外

請輕輕撐開臍窩處周圍的皮膚
⬇
請將臍帶輕拉，並將 3 吋棉棒，深入臍窩處，消毒臍帶根部
⬇
消毒時**由內向外**只能繞一圈
⬇
棉棒**不可重複使用**

- **臍帶已脫落後的消毒方式**

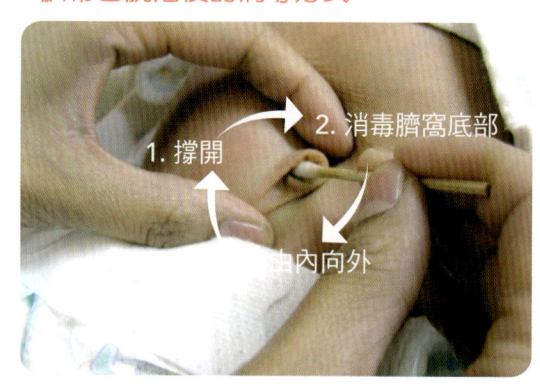

1. 撐開
2. 消毒臍窩底部
   由內向外

請輕輕撐開臍窩處周圍的皮膚
⬇
請將 3 吋棉棒深入臍窩處，消毒臍窩底部
⬇
消毒時**由內向外**只能繞一圈
⬇
棉棒**不可重複使用**

溫馨提醒　臍帶護理後，**尿布請反摺**

反摺可以讓臍帶保持乾燥通風

Dr.Chen 門診問答 常見 Q&A

Q1 消毒過程中寶寶哭鬧是不是會痛？
A1 **不會的**。**臍帶**本身並**無神經**，所以臍帶護理本身是不會痛的，那是因為酒精會涼涼的，寶寶皮膚受到刺激才會哭鬧。

Q2 臍帶脫落的二、三天還溼溼的怎麼辦？
A2 **持續消毒至根部完全乾燥**。臍帶脫落後的臍根部基底層的皮膚尚未長好，所以臍根部會有些黃色分泌物及點狀出血 3~4 天，這是正常的。臍帶脫落後，仍需消毒 **7~10** 天至臍根部**完全乾燥**為止。

Q3 若臍帶沾到尿液或糞便時怎麼辦？
A3 **請先清潔沾到尿液或糞便的臍帶部位後再做臍帶護理**。**男**寶寶包尿布時，請將陰莖朝**下**，防止臍帶沾到尿液造成臍發炎唷。

Q4 肚臍周圍皮膚紅腫或臍帶有惡臭味怎麼辦？
A4 **可能是臍底部發炎現象**。除了加強臍帶護理外，觀察臍帶窩周圍的皮膚若有**紅、腫、熱、痛**，有可能併發臍帶炎，就需送醫處理。

Q5 臍帶脫落已經過了兩個禮拜，臍帶還一直濕濕的,並且不斷有水樣液流出怎麼辦？
A5 **可能有臍尿管的存在，需就醫診治**。臍尿管是胎兒自己的肚臍和膀胱間的管狀結構;在 15 週大時臍尿管應該會退化形成中膀胱韌帶，所以正常的胎兒在出生後臍尿管兩端應該已經閉合。若未閉合，就會形成了一條**開放性**臍尿管，胎兒膀胱中的尿液就會經由這條管子從胎兒肚臍流出來，容易引發胎兒腹腔嚴重感染，引發**腹膜炎**造成敗血症，嚴重者胎兒會休克致死！

Q6 臍帶消毒需要一天消毒幾次？
A6 **一天至少4次**。可在早、中、晚的換尿布前後及「**洗澡**」「**後**」清潔臍帶。

> **貼心叮嚀** 雖然換尿布前或換尿布後都可做臍帶消毒，但是「**男**」寶寶常常會在臍帶消毒後又噴尿染污臍帶，因此建議「**男**」寶寶在換尿布「**後**」再來清潔臍帶！（記得換尿布時陰莖要往「**下**」唷！）

十一、新生兒沐浴

幫剛出生的小寶寶洗澡並不是一件很容易的事情，常常讓新手爸媽很緊張擔心怕弄傷寶寶，但是藉由幫寶寶洗澡過程所增加與寶寶肌膚上的接觸，可以天天地增進親子間的感情唷！所以啦，幫嬰兒洗澡這件事，就很自然的成為新手爸媽的必修課。那麼在為寶寶洗澡以前要做什麼準備，又該注意些什麼呢？讓我們告訴您！

(一) 新生兒沐浴注意事項

1. 準備寶寶洗澡用物前、後**皆須洗手**，以預防寶寶因抵抗力弱而受感染；若戴手錶、手鍊、家事手套或戒指應取下。雙手指甲應剪短，以避免刮傷寶寶皮膚。
2. 洗澡時間為一天當中**最溫暖**的時間，約為**中午**，並注意室內保暖，室溫 **26~28℃**；冬天洗澡前可開暖爐。
3. 洗澡時間為**餵奶前 1 小時；餵奶後 2 小時，可**避免溢、吐奶。
4. 洗澡水應「**先放冷水再放熱水**」，水溫為攝氏 **39℃±2℃**，或用手腕內測試水溫，以不燙為原則（口訣：**先冷後熱、手腕最準**）。
5. 水量約澡盆的 1/2 或 2/3 盆（從寶寶**屁股底至肚臍**，水深約 7~10 公分高度）。
6. **洗澡前**先用溫開水幫寶寶**清潔口腔**。

(二) 沐浴用品準備

1. **口腔清潔用物準備：**
   乾淨紗布巾或乾濕兩用巾 1 條、溫開水。

   溫度計

   溫開水與乾濕兩用巾

2. **沐浴用物準備：**
   ・臉盆或摺疊澡盆 1 個
   ・紗布衣 1 件
   ・尿布 1 塊
   ・浴巾 2 條

   使用臉盆或折疊澡盆

十一、新生兒沐浴

- 紗布巾 1 條
- 沐浴乳（**中性或弱酸性**）
- 水溫計
- 臍帶護理包一組
  75%酒精消毒用 + **95%**酒精乾燥用 + 無菌棉棒

紗布巾 　　　浴巾

（三）新生兒沐浴步驟

1. 口腔清潔：

沐浴前，先用紗布巾沾**溫開水**後，伸進寶寶口腔，輕輕擦拭**上、下牙齦內外側**、**內頰**、**上顎及舌頭**。

口腔清潔

2. 沐浴姿勢：橄欖球抱姿

將寶寶的**身體夾在媽媽的腰側**，一手托住寶寶的**頭**、**頸**及背，如同抱橄欖球的方式。

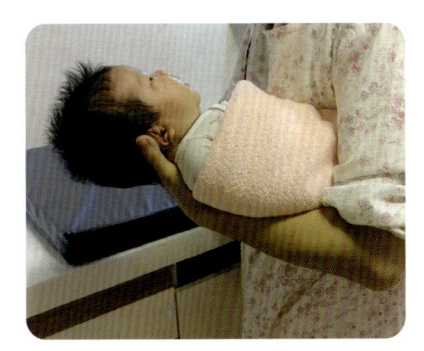

沐浴姿勢：橄欖球抱姿

3. 面部清潔

以紗布巾**四個角**分別清洗**雙眼**（**由內而外擦拭**）、雙耳，再擦拭鼻子及臉。

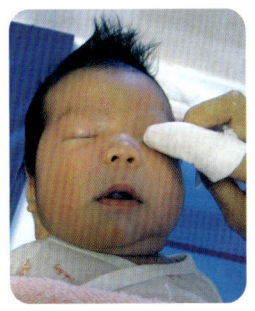

4. 洗頭

以**大拇指及中指壓住**寶寶**雙耳**，以防止水流入耳內，手抹沐浴乳，輕輕搓揉寶寶頭髮，再清水洗淨。

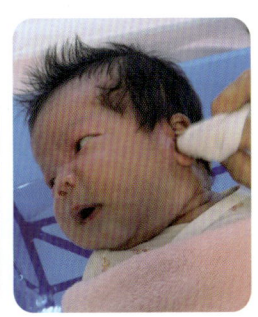

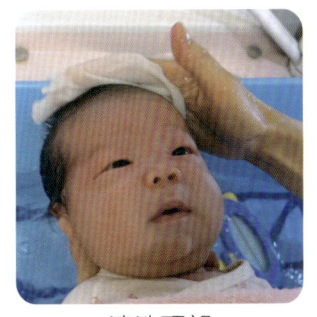

清洗眼睛，由**內**而**外**　　清洗耳朵　　　　　清洗頭部

187

5. 身體正面清洗

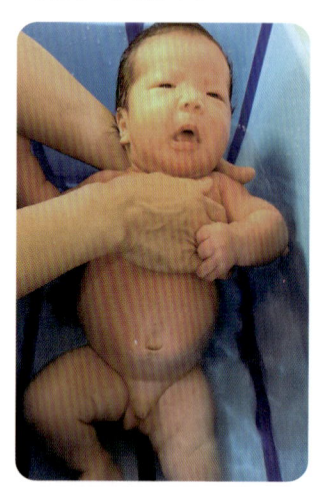

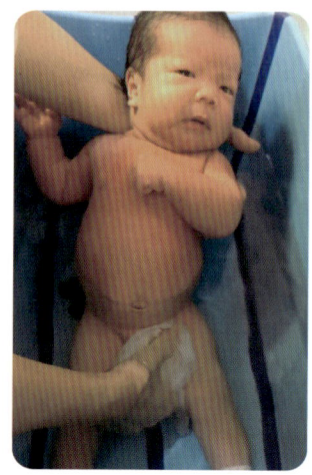

左手掌支托於寶寶**左**腋下,讓寶寶向後躺於左手臂,先用少許的水輕拍於寶寶胸前,讓寶寶適應水溫。

清洗原則以**皺褶處**為主,如**脖子、腋下、鼠蹊、手掌、腳掌、股溝**。

6. 生殖器及肛門區清洗

- 女寶寶:大小陰唇撥開清洗,由**尿道口**往**肛門口**清洗(避免泌尿道感染)。
- 男寶寶:先清洗尿道口、包皮皺褶處及陰囊及把小鳥適當往後推(推到有阻力即可)做最後清洗,以防藏汙納垢。

7. 體背面清洗

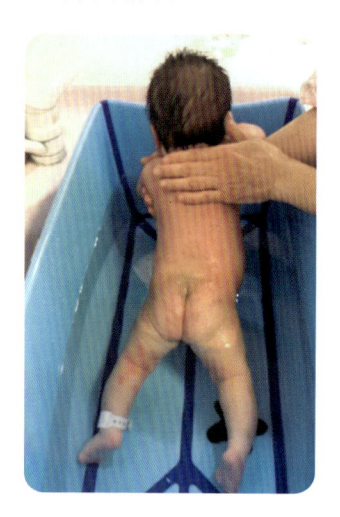

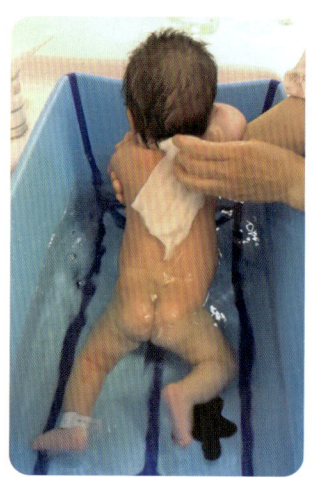

將寶寶翻轉過來,一手橫過胸前,固定於寶寶腋下

依序清洗**背部→臀→下肢**等部位

8. 擦乾身體

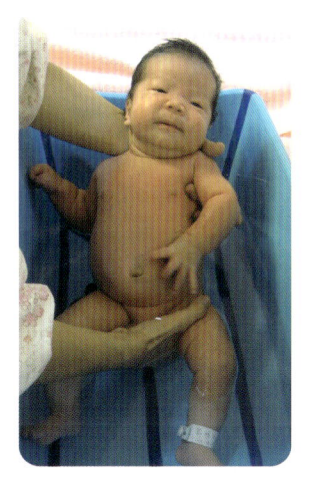

正面姿勢將寶寶抱出浴盆

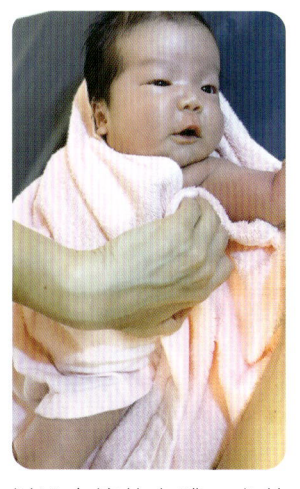

以浴巾擦乾身體，尤其**耳後**、**脖子**、雙腋下、關節及**皮膚皺摺**處都要擦乾

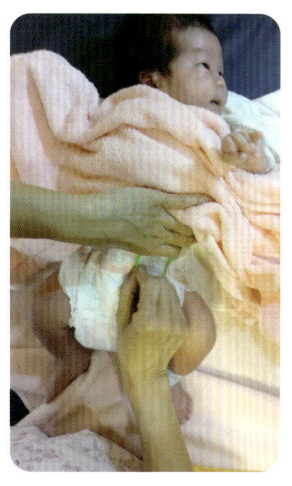

並立即穿上已準備好的衣物及尿布

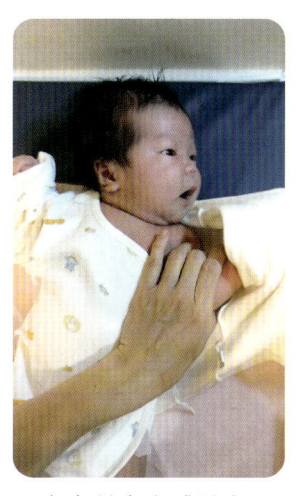

穿上紗布衣或肚衣

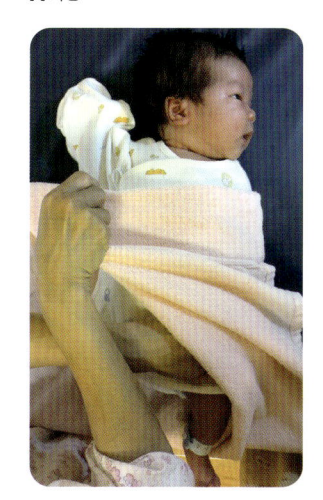

包上包巾

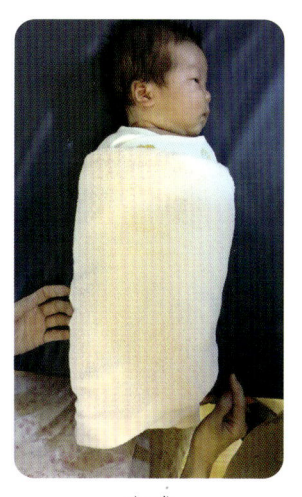

完成

9. 新生兒臍帶護理

　　新生兒**沐浴後**，必須做一次臍帶護理。以 75%、95% 酒精沾濕無菌棉棒各 1 支，**先用** 75% 酒精棉棒於臍根部由內向外做**環形消毒**，**再用** 95% 棉棒於臍根部由內向外做**環形乾燥**即可。

Part 4 產後坐月子

Dr.Chen 門診問答　常見 Q&A

Q1 口腔清潔用的紗布巾是否要消毒？
A1 如是一般紗布巾，使用後 清洗乾淨 曝曬太陽 即可；也可放入奶瓶 消毒鍋 內一起消毒烘乾。市面上有拋棄式 口腔清潔棉，媽媽也可參考使用。

Q2 新手媽媽幫寶寶洗澡較生疏，是否可在晚上等先生回來一起協助？
A2 可以 的，但注意室溫，最好維持 26℃~28℃。

Q3 市面上有沐浴網、沐浴板有需要購買嗎？
A3 此 2 款產品皆是協助媽媽幫寶寶洗澡的輔助品，媽媽 掌握抱洗技巧，可用可不用，視個人需求。

十二、新生兒黃疸

一、為什麼新生兒會黃疸？

因為新生兒的紅血球數目多且壽命較成人短，約90天，當紅血球衰老代謝後，會產生一種「膽紅素」（Bilirubin），再由肝臟來代謝，最後隨尿液、糞便排出。由於新生兒的肝臟機能尚未發育完全，無法很快地清除膽紅素。血中膽紅素累積後，就會表現在鞏膜〈眼白處〉、皮膚、黏膜上，所以新生兒看起來就會黃黃的。

二、新生兒黃疸種類

生理性黃疸：寶寶出生後24小時「內」的總膽紅數值會「小於」5mg/dl，皮膚黃疸症狀會在出生後24小時「以後」才開始出現，第4-5天達到高峰，7-14天內消失。

（註1：dl = deci liter = 100 c.c.=100 ml）
（註2：總膽紅素（Total Bilirubin）=「水」溶性的結合型（congugated）膽紅素（又叫做直接型〔direct〕膽紅素）+「脂」溶性的未結合型（uncongugated）膽紅素（又叫做間接型〔indirect〕膽紅素）

病理性黃疸：出生後24小時「內」皮膚出現黃疸（總膽紅數值 ≥ 5mg/dl 以上）或快速竄升（每日上升5mg/dl以上），原因為：

1. Rh血型不合
   母親為Rh（－），第一胎胎兒為Rh（＋），第二胎胎兒若為Rh（＋）就會造成胎兒溶血引起黃疸
2. ＡＢＯ血型不合
   若母親為O型，嬰兒為A型、B型或AB型，則有可能因紅血球破壞增加而出現黃疸。
3. G-6-PD缺乏（即蠶豆症）
   會加重黃疸症狀
4. 阻塞性黃疸（如先天膽道閉鎖）
   糞便呈灰白色，黃疸不會退，需要早期手術治療（兩個月內）。
5. 感染
   濾過性病毒、細菌、寄生蟲

6. 生產過程導致新生兒頭皮淤血【頭血腫】，淤血內的紅血球被破壞後產生膽紅素。
   *嚴重的病理性黃疸會引起「核黃疸」造成腦損傷。

母乳造成的黃疸：

1. 「早」發性母乳餵食黃疸：因為母乳量不足,餵食不夠造成,在出生後2-4天發生。解決方法：增加母乳餵食量並輔以配方奶。
2. 「晚」發性母乳餵食黃疸：產後10-14天後發生，因為母乳中的成份會造成寶寶體內膽紅素「再吸收」增加，使黃疸持續上升不退。

> **貼心叮嚀** 中華民國小兒科學會的建議是：總膽紅素值「17 mg / dl」以「下」時，仍可「安心」地哺餵母乳。

甚麼是核黃疸？

- 「未」結合型膽紅素（uncongugated bilirubin）又叫做間接型（indirect）膽紅素是「脂」溶性的，它會與含有腦磷脂的腦細胞結合，當間接型膽紅素濃度過高時就會透過血腦屏障沉積在嬰兒的腦部「基底核」中，這種現象叫做「核黃疸（kernicterus）」，核黃疸會造成「腦損傷」。
- 核黃疸的臨床症狀為：發燒、厭食、嗜睡、出現非常尖銳且刺耳的哭聲、非常煩躁不安、身體會向後弓彎（角弓反張）、全身痙攣。
- 當「間接膽紅素」超過 25-30 mg/dl 時，會有 1/3 造成核黃疸。
- 核黃疸治療方法：要立即換血。
- 核黃疸存活下來的後遺症：除了腦性麻痺之外，寶寶的智力、聽力、視力及活動能力可能會終生受損。

三、新生兒黃疸居家照顧的注意事項

1. **注意寶寶「大便」的顏色**

   如果是肝臟膽道發生問題，寶寶「大便」顏色會愈來愈淡【變白】，再加上身體突然又黃起來，就必須帶給醫生看。

2. **觀察寶寶日常生活**

   只要覺得寶寶看起來愈來愈黃，精神及胃口都不好，或者體溫不穩、嗜睡、容易尖聲哭鬧……等狀況，都要去醫院檢查。

3. 觀察黃疸變化

黃疸是從「頭」開始「黃」，從「腳」開始「退」，所以可以先從臉觀察起。若四肢皮膚開始泛黃或是皮膚泛黃的速度很快（如一日內由臉延伸至胸部、腹部時），需送醫檢查。

4. 家裏光線不要太暗

寶寶回家之後，儘量不要讓家裏光線太暗，要在自然光或是「白色日光燈」下觀察寶寶的「眼白」及膚色是否變黃。

5. 給予足夠的餵食

要勤餵母乳，「不建議」給予寶寶葡萄糖水、開水或退胎水，因為無法改善黃疸，反而會加重症狀，甚至會影響食慾，造成離子不平衡等不良後果。八寶粉……等藥物也不可服用。

四、新生兒黃疸父母應注意什麼？

1. **注意黃疸的程度：**

   將嬰兒置於明亮處，觀察嬰兒皮膚及眼睛鞏膜（眼白）顏色有無愈來愈黃，或是皮膚泛黃的速度很快時，則需送醫檢查。

2. **注意病理性黃疸可能出現的症狀：**

   包括嘔吐、膚色蒼白、活力變差、食慾不振、腹漲、腹瀉、發燒、「小便」變「濃茶」色、「大便」顏色變「白」等情形，需立刻送醫檢查。

3. **蠶豆症嬰兒須注意**

   ★ 需避免接觸「樟腦丸」、奈丸、「紫」藥水等會引起溶血的物質。

   ★ 用藥時須經醫師處方，因某些藥膏或藥物也會引起蠶豆症嬰兒發生溶血現象。

> **貼心叮嚀**
>
> 若新生兒有黃疸時，父母要觀察寶寶有無膚色越來越黃、嘔吐、膚色蒼白、活力變差、食慾不振、腹漲、腹瀉、發燒、哭聲尖銳、小便變濃茶色、大便顏色變白……等症狀，如果新生兒「沒有」以上情形發生，就可以放心了。

Dr.Chen 門診問答 常見 Q&A

Q1 / A1 哪種膽紅素（bilirubin）可通過血腦屏障（BBB；Blood Brain Barrier）造成核黃疸？

「未」結合型（uncongugated）膽紅素又叫做「間接型」（indirect）膽紅素是「脂」溶性的，它會透過血腦屏障沉積在嬰兒的腦部基底核中讓「基底核」看起來黃黃的，這種現象叫「核黃疸」。核黃疸會造成腦損傷引起核黃疸（kernicterus）症狀。

Q2 / A2 核黃疸的症狀有哪些？

核黃疸初期症狀「不明顯」，通常核黃疸症狀發生在出生後第5-7天，嬰兒表現出嗜睡厭食、嘔吐無力、非常煩躁不安、肌肉張力過度、角弓反張、發燒、呼吸不規律、肺出血，大部分病例在這時期會死亡。但是較不嚴重的病例會活下來，痙攣性消失，將來可能有神經性耳聾及手指徐動症。有些膽紅素腦症狀在新生兒期並無症狀，而是在幾個月或幾年後在神經、精神心智發育上有後遺症。

Q3 / A3 在家如何檢查寶寶皮膚是否有黃疸

選擇在適當的光線下用手指按壓寶寶皮膚，使皮膚局部的血液循環減少，利於黃疸的判斷；若手指按壓後皮膚是「白」的，表示「沒有」黃疸，但若是「黃黃」的，則表示寶寶「有」黃疸。

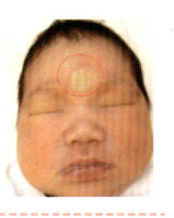

Q4 / A4 在家如何用「5-10-15法則」檢查寶寶皮膚黃疸的嚴重程度？

5-10-15 rule：依膚黃的情形，分布越往「下」表示寶寶血液中總膽紅素值越「高」，簡單的區分可以依眼白（2mg/dl）、臉（5mg/dl）、軀幹（10mg/dl），四肢（15mg/dl），手掌腳掌（>20mg/dl）來看。
註:dl = deci-liter = 100 c.c.= 100 ml

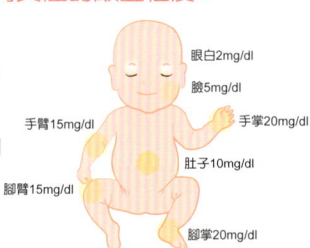

眼白2mg/dl
臉5mg/dl
手臂15mg/dl
手掌20mg/dl
肚子10mg/dl
腳臂15mg/dl
腳掌20mg/dl

十二、新生兒黃疸

Q5 可以用家裡的日光燈檯燈或外界陽光來降低寶寶黃疸症狀嗎？

A5 不可以。寶寶的黃疸照光治療「只能使用」425 nm ~ 475 nm 這種特殊波長「藍光」來降低黃疸指數。

註：nm=nano-meter =10^{-9}次方公尺

Q6 照光治療的燈源和寶寶身體距離至少要間隔幾公分才安全？

A6 15公分以上

Q7 Rh陰性的產婦懷孕時要特別注意的事項？

A7 當Rh（-）的「初」產婦懷有Rh（+）之胎兒時，因胎兒血液中的抗原會進入母體血中，刺激母體產生抗體。當第二次懷孕時，若第二胎仍為Rh（+）胎兒，這時母親含Rh抗體之血液會流入第二胎的胎血循環中，破壞胎兒大量紅血球結果造成胎兒溶血現象。

Q8 生理性黃疸和病理性黃疸的比較？

A8 5-10-15 rule：依膚黃的情形，分布越往「下」表示寶寶血液中總膽紅素值越「高」，簡單的區分可以依臉（5mg/dl），軀幹（10mg/dl），四肢（15mg/dl），手掌腳掌（>15mg/dl）來看。

Q9 生理性黃疸和病理性黃疸的比較？

A9

	生理性黃疸	病理性黃疸
出現時間	・出生後24小時「以後」才開始出現 ・出生後第4-5天達到高峰	出生24小時「內」
全血清膽紅素值 (直接型+間接型)	2-15 mg/dl 第一天 < 5 mg/dl 第二天 < 10 mg/dl 第三天 < 15 mg/dl	・≥ 15 mg/dl ・上升速率每天超過5 mg/dl （即5mg/100ml）
持續時間	7-10天	足月兒：持續一週以上 早產兒：持續兩週以上

Q10 病理性黃疸發生因素為何？

A10

病理性黃疸		
膽紅素產生過多	膽紅素排泄不良	混合型
・Rh血型不合 ・ABO血型不合 ・蠶豆症（G6PD）	・家族性疾病 ・半乳糖血症 ・甲狀腺機能低下 ・酪胺酸（Tyrosine）代謝疾病 ・藥物及賀爾蒙 ・糖尿病母親生下的嬰兒 ・早產兒 ・先天性膽道阻塞 ・總膽管囊腫	・子宮內感染 ・敗血症

Q11 有「蠶豆症」的嬰兒應避免接觸何種物質？

A11 樟腦丸(油)、「紫」藥水會造成嬰兒溶血，會更加重嬰兒黃疸症狀

Q12 無論出生體重，在出生後24小時之「內」寶寶的黃疸治療方針為何？

A12

嬰兒血清中總膽紅素值 (mg/dl)	出生24小時內	
	體重< 2500g	體重> 2500g
< 5	觀察	
5～9	有溶血現象則照光治療	
10～14	有溶血現象則換血	
15 以上	立即換血	

註：dl = deci-liter = 100 c.c. = 100 ml

Q13 中華民國小兒科學會建議「總膽紅素」數值為多少以下，仍可持續哺餵母乳呢？

A13 17 mg / dl

十三、新生兒常見皮膚問題

新生兒的皮膚脆弱因為表皮角質層、汗腺、血管等都待發育完成，因此寶寶皮膚防禦抵抗力就相對很薄弱，潮濕的氣候及環境因子的干擾，肌膚就容易出現敏感不適的問題，要怎麼細心呵護才能讓寶寶白白嫩嫩的呢？讓我們告訴您吧！

・粟粒疹 Milia

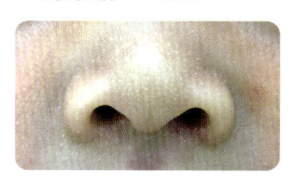

短暫的皮疹，因皮膚角質層及皮脂腺分泌物堆積。出現在鼻頭及臉頰，如白色針頭大之突起，不需治療，通常幾週內自然消失。

・毒性紅斑（胎火） Erythema

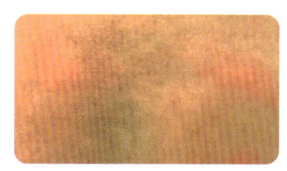

50% 足月兒皆有，良性疾病，原因不明，中心成黃白色丘疹（0.2 公分），周圍如火焰之紅斑，出生後 2 星期內出現在臉、身體、四肢，持續約 3~6 天，會自行消失，不需治療。

・胎記（蒙古斑） Mongolian spot

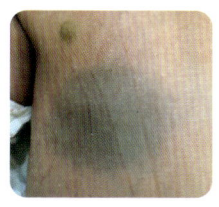

蒙古斑是皮膚深處含有黑色素的色素細胞存在，常見於腰椎、尾椎處、屁股、下肢、背部、側腹，甚至於肩膀上，一種棕色或青色之斑，通常要到 5 歲以後才會逐漸消退或顏色變淡。

・胎記（血管瘤） Angiomas

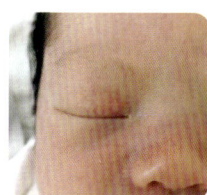

血管瘤是指微細血管擴張，最常見的是平平的、淺紅、鮮紅或暗紅色，多發生於後頸部、眼瞼、兩頰或兩眼中間之額頭，臉上病灶會逐漸消退，後頸部及後腦杓的血管瘤斑會隨孩子成長逐漸消退或一直持續存在。

・皮膚脫皮

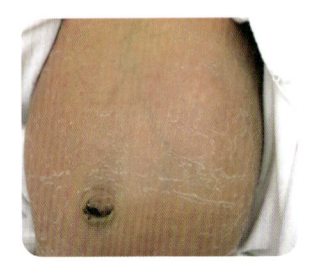

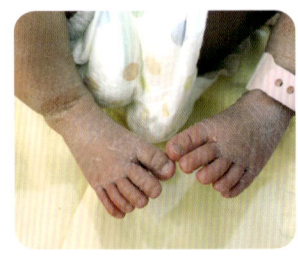

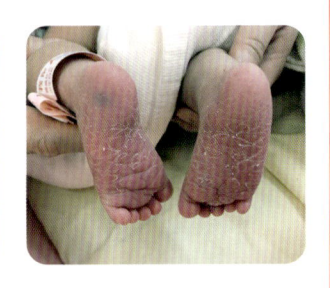

新生兒的表皮角質層未完全褪去，再加上油質分泌不足，新生兒的皮膚容易產生乾燥及龜裂現象，在出生 24~36 小時後會開始有脫皮的情形發生，並持續 2~3 週。可為寶寶擦拭嬰兒油以滋潤寶寶的皮膚。

・汗疹 Miliaria

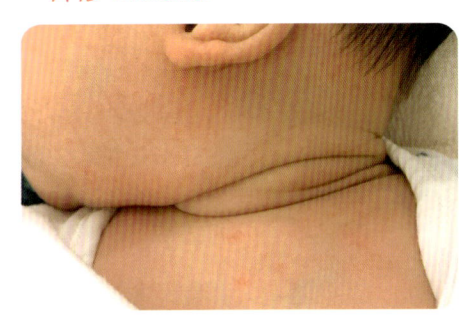

嬰兒皮膚功能不成熟，汗腺阻塞而引起的，就是一般俗稱的熱疹、痱子。通常出現在兩頰、額頭、胸前或其他身體皺褶處，例如脖子、腋下、鼠蹊部等地方，會有紅色、密密麻麻的小疹子。只要讓嬰兒保持清潔、乾燥、涼爽，不要大量流汗就可改善。

・脂漏性皮膚炎 Seborrheic Dermatitis

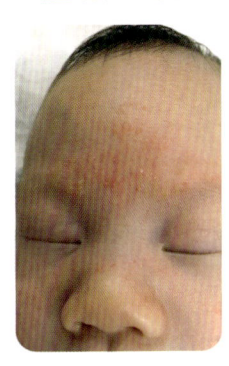

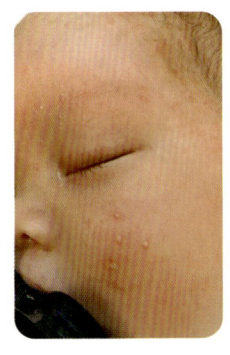

嬰兒出生後，體內血液含有母親荷爾蒙，導致皮脂分泌旺盛，頭皮、額頭、眉毛及兩頰常有脫落的皮屑或痘痘，有時會有厚油性黃色分泌物，乾掉後呈現細小塊狀，多見於出生後 1~6 個月大的寶寶，輕微者不須處理，保持清潔即可，嚴重者可就醫。此為暫時現象，待嬰兒 6 個月以後會自然痊癒。

十三、新生兒常見皮膚問題

• 異位性皮膚炎 Atopic dermatitis

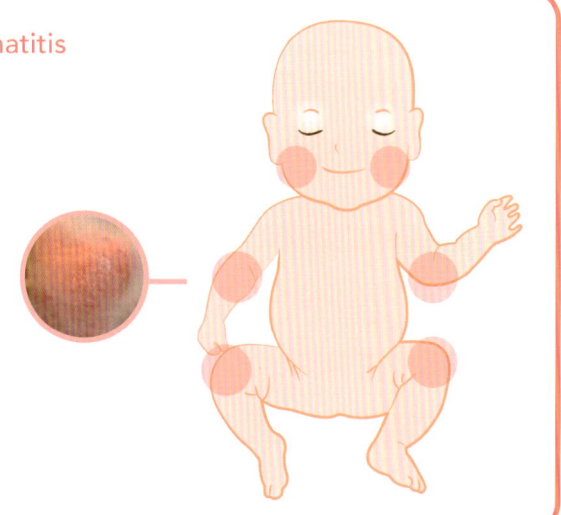

一開始發病時和脂漏性皮膚炎很相似，所以不容易判斷，通常都是因為紅疹治不好，超過2個月、皮膚變得紅腫、粗厚、脫屑、很癢，且家族成員有過敏體質而診斷出。好發部位為臉部、頸部及四肢的伸側及屈側部分側，輕微者皮膚要保持清潔、保濕，嚴重發炎者則需就醫，使用類固醇藥膏塗抹治療。

Dr.Chen 門診問答　常見Q&A

Q1 寶寶長痱子，是否可以使用痱子粉？
A1 粉塵類製品不建議使用在寶寶身上，避免吸入粉塵，造成吸入性肺炎。

Q2 寶寶頭皮上有一層黃黃、厚厚、有異味的脂漏塊，如何清洗？
A2 在幫寶寶洗頭的半小時前，可先用嬰兒油按摩軟化，待洗頭時輕輕擦洗，無法一次洗淨喔，平日保持清潔即可。

Q3 寶寶皮膚乾燥，何時擦乳液或嬰兒油最適合？
A3 幫寶寶洗完澡擦乾身體後，就可馬上適量使用。

十四、認識寶寶大便及尿布疹的預防

寶寶便便的顏色與形狀，是了解寶寶的排便是否正常，及所吃食物是否適合的重要指標。新手媽媽們別嫌便便氣味難聞，換尿布時可要好好檢查留意一下喔！除此之外，呵護寶寶屁屁，預防尿布疹是很重要的，不要輕忽它。

(一) 寶寶大便卡

▶ ①~⑥ 號為異常大便

▶ ⑦~⑨ 號為正常大便

十四、認識寶寶大便及尿布疹的預防

徵狀	說明
・胎便 	新生兒出生後的頭三天，排出的便便稱為胎便，胎便看起來黏黏的，而且不帶臭味，顏色為墨綠色。
・母乳便 	母乳便顏色可能會出現金黃色、黃色、綠色、棕色或是草綠色；形狀方面，有的稀稀水水，有的較黏，或是伴隨有米粒大小的顆粒，及近似蛋花湯的狀態而中間有一點糞渣，味道帶點酸味。 ・母乳哺餵的第一個月，寶寶常解又水又酸的大便，每日約解 3~5 次。有時每日可解便超過 10 次以上皆為正常，但每次量少。如果體重、成長正常就無須擔憂。 ・滿月後排便情形就很兩極，可以每日解 3~5 次，或者出現「多天解一次大便」的相反現象。雖然「多天解一次大便」，但寶寶的糞便若很軟像香蕉（不是羊便便般的顆粒狀）、沒有腹脹或任何不舒服、也沒有影響食慾，即可再觀察。
・配方奶便  	喝配方奶的寶寶的大便顏色與母奶寶寶差不多，形狀則會出現軟軟、糊糊、黏黏或是米粒大小的顆粒狀，味道則較重較臭；會出現綠色大便是因為配方奶的鐵質較高，而因個人需要吸收的程度不同，不需要的鐵質則會被排出，而呈現綠色大便。 ・餵食配方奶之嬰兒滿月前每日解 3~4 次的軟糊便，滿月後每日解 1~3 次的便便，或 2~3 天一次。糞便會略成形或較硬。有時解便時會呈用力狀，往往會被解釋為便秘。此時除非伴有劇烈疼痛、肛門出血、解便少於每天一次，否則不應被稱便秘，也不需要更換奶粉。 ・剛出生的嬰兒可能常常有邊吃邊解便之情形，因新生兒口、胃、大腸反射較快，有時上面嘴巴在吃，下面腸子開始蠕動，加上腸胃道內某些酵素未成熟，因此會邊吃邊解便，滿月後大多會改善。

小叮嚀　只要寶寶沒解出顆粒狀的羊便便，就不算便秘。

201

徵狀	說明
· 灰白便 	有可能是膽道閉鎖症，是新生兒的先天性疾病，因膽汁無法到腸道協助消化，使大便顏色偏白或成灰白色，應馬上就醫治療。
· 血絲便 	· 寶寶有可能發生「腸套疊」現象而引發血絲便，應馬上立即就醫治療。 · 一般觀念認為母乳寶寶較健康，但近來台灣兒科醫學期刊「母親飲食致新生兒血便」報告，特別提醒媽媽們得注意避免攝取易引起過敏的鮮奶、帶殼類海鮮，因幼兒腸道免疫細胞尚未發育完全，對於「大分子蛋白質」成分過敏，使得寶寶腸道發炎、解便次數上升結果，造成腸壁黏膜破損而導致血絲便的發生。

(二) 尿布疹

有些嬰兒解便後不一定會哭鬧，所以常導致嚴重尿布疹，俗稱的「紅屁股」。尿布疹是由皮膚潮濕、糞便中的酵素刺激以及尿液和糞便混合等數種原因所造成。剛開始是紅紅一片，可能有數顆疹子，更嚴重可能會有小水泡及破皮的發生；範圍包括屁股、會陰、大腿內側……皆是容易罹患尿布疹的部位。

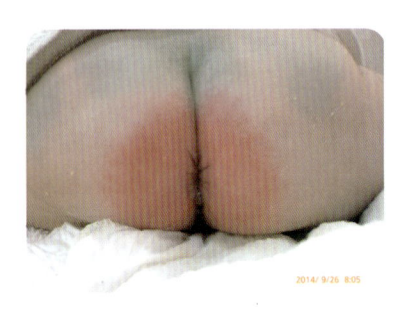

泛紅

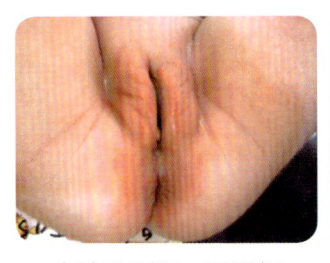

會陰及肛門口周圍紅

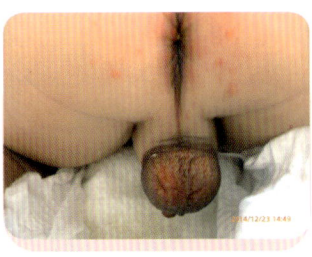

疹子及睪丸紅

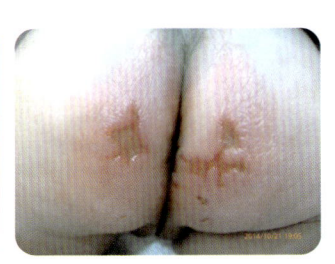

破皮

1. 尿布疹護理

　　勤換尿布，保持臀部清潔乾燥、以清水洗屁屁即可，再用棉質柔軟布料拭乾，局部可塗抹紅臀藥膏或護膚膏預防，若較嚴重可以協助寶寶**晾臀**，**需有大人在旁陪伴**，以免發生危險。

・晾臀方法

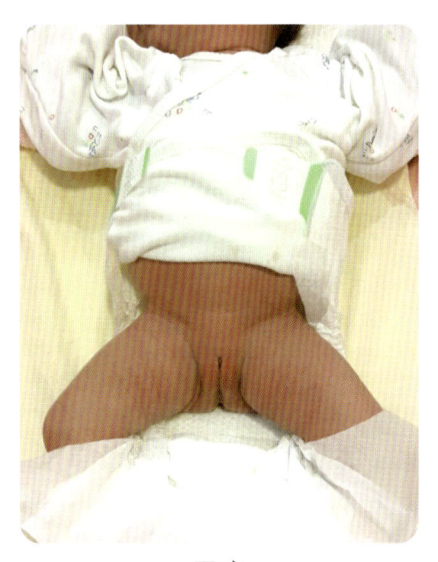

正晾	上下兩片包法
側晾	趴晾

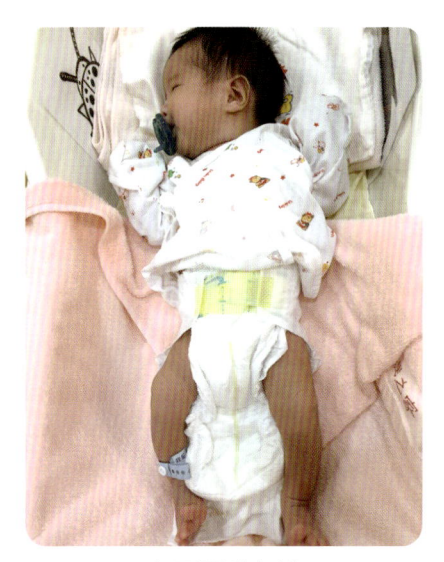

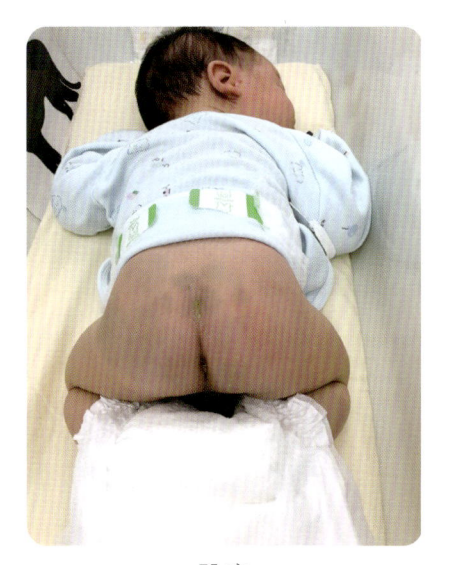

Part 4 產後坐月子

Dr.Chen 門診問答 常見 Q&A

Q1 如何使用沖洗壺幫寶寶洗屁屁？
A1 女寶寶須由尿道口往肛門口清洗，避免泌尿道感染；男寶寶則須注意睪丸下方的清潔，清洗後再用棉質毛巾輕拍擦拭乾淨。

Q2 是否吃海鮮就會造成寶寶解血絲便？
A2 不一定，因每個寶寶體質不同，建議媽媽若有攝取易過敏食材如：帶殼類海鮮、堅果類及鮮奶……等，則須多觀察寶寶的解便情形。

Q3 在家也需要晾屁屁嗎？
A3 若解便次數增加，有大人陪伴時則可以先晾臀預防紅臀發生，寶寶若無紅臀情形則使用凡士林或護膚膏來事先預防即可。

Q4 寶寶可以使用痱子粉嗎？
A4 不建議，因痱子粉裡含滑石粉粉末易使寶寶吸入，臀部建議使用凡士林及護膚膏即可，身體則可使用嬰兒用身體乳液。

十五、寶寶副食品如何添加

隨著寶寶一天天長大，胃內容量增加，每日所需營養素相對增多，此時，掌握添加副食品的原則，父母可輕鬆做**斷奶**的準備，以便日後銜接大人的飲食。

> **小知識** 新生兒的胃容量第一天約「5-7」c.c.，第二天約「22-30」c.c.，第十天約「45-60」c.c.，到了滿月，寶寶的胃容量可達「80-150」c.c

(一) 副食品添加的時機

四到六個月寶寶頸部已經可以直立，代表**神經發育**良好，當別人在吃東西時，嘴巴跟著咀嚼，口水變多，唾液中的**消化酵素**很多，混和著食物以利**吞嚥**，對除了牛奶以外的食物會想要去拿來吃，表示有興趣時，差不多就**可以開始吃副食品**。

(二) 副食品添加的原則

四到六個月開始添加副食品
1. **一次加一種**新食物，**少量而多樣化**。
2. 食物性質由**流質、半流質、半固體、固體**。
3. **先吃副食品**再喝奶。
4. 使用專用兒童碗及湯匙練習**咀嚼及吞嚥**。
5. 製作及餵食前應**洗淨雙手、食物及器皿**。

(三) 階段性副食品

1. **三個月內**：不必補充任何副食品。
2. **四～六個月**：

   最適當的食物有**果汁、菜湯、米麥糊**，若怕寶寶過敏可選擇**米粉**，不要馬上用麥粉。果汁使用新鮮水果加水 **1:1 稀釋**，每天 **1~2** 餐，約 **5~10c.c.** 左右。

3. 七～九個月：

A	果汁、果泥	大多使用蘋果、葡萄、香蕉、柑橘類、瓜類等，將新鮮果肉挖出搗成泥。
B	菜泥、五穀根莖	高麗菜、莧菜、青花菜、豆類、南瓜、地瓜、蘿蔔、山藥等，開水煮沸後放入煮軟並壓碎成泥狀。
C	蛋黃泥	取出煮熟的蛋黃加水或（找奶）調成糊狀。
D	肉類	豬肉、牛肉、魚肉，煮熟後切碎成泥。

每天 **2~3** 餐，約 **30 c.c.** 左右，隨寶寶喜好逐漸給予，粥、麵條、麵線、麵包、吐司、饅頭可適量開始練習拿著吃。除了牛奶以外的食物會想要去拿來吃，表示有興趣時，差不多就可以開始吃副食品。

4. 九～十二個月：

原來吃的食物增量外，開始吃乾飯、全蛋（用蒸的最好），一日三餐，副食品可逐漸替代為主食。

十五、寶寶副食品如何添加

(四) 製作副食品常見工具

研磨套組

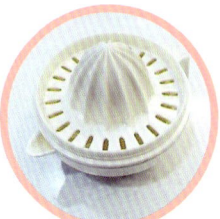

榨汁器

濾網

研磨器

搗物杯

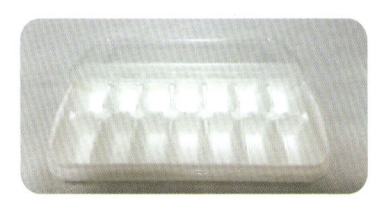

加蓋製冰盒

果汁機（攪拌機）

207

Part 4 產後坐月子

Dr.Chen 門診問答 常見 Q&A

Q1 寶寶何時可以開始喝水？
A1 約 **4~6** 個月開始吃副食品時。因喝母奶（牛奶）時，水分的比重較高，身體所需的水分是足夠的，當開始吃副食品時，奶量下降，水分也跟著下降，此時就必須開始補充水分。

Q2 吃副食品時為何糞便性狀會改變？
A2 糞便會隨著飲食成分及寶寶腸胃的成熟度不同而性狀改變是正常的。解便一天多次到兩天一次都是屬於正常的範圍。

Q3 喝母奶的孩子如何添加副食品？
A3 直接以湯匙及寶寶專用的碗進食即可，不需要用奶瓶餵食。

Q4 可否添加調味料？
A4 開始吃副食品時儘量吃食物的原味，不需添加任何調味料，但當寶寶進入正常飲食後，添加少許調味料是可以接受的。

Q5 寶寶不願意吃副食品？
A5 評估準備的食物是否軟硬適中？孩子本身對食物種類適應程度？有沒有強迫餵食？進食副食品時，儘量以愉快方式，有時父母緊張或急迫的情緒會影響孩子，若寶寶不願意吃副食品，可由他喜歡的食物先開始，若孩子挑食則多試幾次以鼓勵、漸進式進食。

Q6 過敏問題？
A6 每吃一項新的副食品時，以少量開始，嘗試約 3~5 天，觀察有無皮膚及腸胃過敏反應，如：皮膚搔癢、紅腫、肛門或嘴巴周圍長疹子、腹瀉，若有過敏反應可延後進食此項新食材。

Q7 嬰幼兒需要喝葡萄糖水嗎？
A7 不需要唷

小叮嚀
1 甜味容易滿足食慾，會讓寶寶不願意吃正餐的奶水而提早進入厭食期
2 糖水在口腔內會停留過久，容易和細菌發酵產生酸化唾液，破壞了寶寶脆弱的乳齒
3 幼時吃慣了甜食後，日後再戒很難，且長期食用後易變成肥胖兒

十六、兒童牙齒保健

　　孩子漸漸長大後，一定要教導且要求小孩養成正確的刷牙習慣和牙齒保健知識，孩子們才會有健康的身體喔。茲就臨床經驗提供以下幾項妙招給家長們做參考：

飲食妙招

☆ **請問哪種食物最容易蛀牙？**
　　□冰淇淋　□糖果　■餅乾→澱粉易殘留且塞在牙縫中，會待在嘴巴時間最久

☆ **避免蛀牙要少吃？**
　　■酸　■甜　■黏

☆ **請問哪種飲食習慣最容易蛀牙？**
　　□吃很多　□吃很快　■吃很慢（因為吃很慢會使食物在嘴裡時間待最久）

☆ **避免蛀牙要怎麼吃？**
　　■集中時段吃飯　■專心用餐

☆ **依年齡成長食物該怎麼吃？**（年齡越大儘可能不要剪食材才可練習咀嚼能力）
　　副食品步驟：食物泥 → 切小塊 → 食材不要剪

照護妙招

☆ **請問要用哪種牙膏刷牙？**（市面上約9成不合格）
　　□不含氟　□低含氟　■高含氟（1,000 ppm）

☆ **請問幾歲要用牙線？**
　　■有牙後　□3歲　□6歲

☆ **請問兒童適合用哪一種漱口水？**
　　□殺菌漱口水　■含氟漱口水（因為「殺菌漱口水」成份有含「酒精」成分，會刺激口腔，小孩子不喜歡）

☆ 兒童該怎麼使用漱口水及含氟牙膏呢？
- 一天2次
- 兒童漱口水的使用方法：①「6歲」以「下」用「擦」的 ② 6歲以上至少唅在嘴內30秒並禁食30分鐘以上
- 刷牙時兒童牙膏使用量：「3歲」以下「米粒」大小 / 3－6歲約「豌豆」大小

☆ 請問兩歲小孩不肯刷牙怎麼辦？
- 說故事給寶寶聽　■十字固定寶寶，讓寶寶無法動
- 給寶寶自己選擇 → 人：爸爸刷還是媽媽刷
　　　　　　　　　　事：先看書還是先刷牙
　　　　　　　　　　時：現在刷還是等下刷
　　　　　　　　　　地：廁所刷還是房間刷
　　　　　　　　　　物：新牙刷還是舊牙刷

預防妙招

☆ 請問如何預防可減少蛀牙？
- 徹底潔牙
- 塗氟
- 溝隙封填（最有治療效果）
- 定期看牙醫
- 定期做檢查

☆ 請問兒童什麼時候開始塗氟？
- ■有牙　□長8顆牙　□ 2歲

☆ 請問兒童至少塗氟到幾歲？（塗到成人都可以）
　　□ 6歲　□ 10歲　■ 15歲

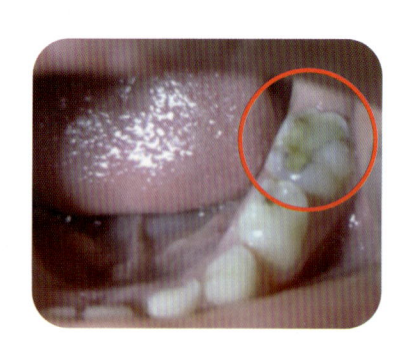

十六、兒童牙齒保健

Dr.Chen 門診問答 常見 Q&A

Q1 當寶寶還沒長牙的時候，媽咪如何清潔嬰兒的口腔呢？
A1 媽咪可用「紗布巾」來幫寶寶清潔的牙床

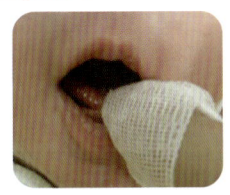

Q2 最有效果減少蛀牙的方式為何？
A2 溝隙封填

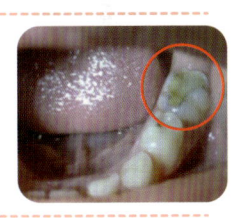

Q3 請問冰淇淋、糖果或餅乾，哪種食物最容易蛀牙？
A3 餅乾，因為澱粉容易殘留且會塞在牙縫中，會待在嘴巴時間最久

Q4 請問吃很多、吃很快或吃很慢，哪種飲食習慣最容易蛀？
A4 吃很慢，因為吃很慢會使食物在嘴裡時間待最久

Q5 請問要用哪種牙膏刷牙？
A5 高含氟 (1,000 ppm)，市面上約9成不合格，請慎選

Q6 請問幾歲要用牙線？
A6 有牙後即可用牙線囉

Q7 請問兒童什麼時候開始塗氟？
A7 有牙後即可塗氟

Part 4 產後坐月子

Q8 請問兒童至少塗氟到幾歲？
A8 15歲（塗到成人都可以）

Q9 嬰幼兒需要喝葡萄糖水嗎？
A9 不需要唷

> **小叮嚀**
> 1 甜味容易滿足食慾，會讓寶寶不願意吃正餐的奶水而提早進入厭食期
> 2 糖水在口腔內會停留過久，容易和細菌發酵產生「酸」化唾液，破壞了寶寶脆弱的乳齒
> 3 幼時吃慣了甜食後，日後再戒很難，且長期食用後易變成「肥胖兒」

十七、嬰兒意外的預防

意外傷害的危機潛藏在寶寶的身邊伺機而動，如何減少甚至避免存在環境中常見的危險因子，避免悲劇與遺憾產生，讓小寶貝在安全的環境中長大是目前少子化社會應重視的課題。

(一) 嬰兒猝死症

凡是未滿一歲的嬰幼兒都可能發生此「嬰兒猝死症」，尤其是二～四個月這段時期為最常見。因為真正的原因不知道，綜合其有關的因素有以下幾點：

1. **較冷的季節（如冬天）比較常發生：**
   這可能是因天氣寒冷時，無論病毒或細菌性的呼吸方面疾病都容易相互傳染；加上嬰幼兒的上呼吸道（鼻孔、鼻腔、咽喉）及氣管又特別狹窄，很容易因感染、發炎、腫脹、及分泌物增加而造成氣管阻塞；外加嬰幼兒體質軟弱，呼吸肌肉無力承擔困窘的呼吸，易導致呼吸的肌肉疲乏無力，此時寶寶呼吸就會減緩到呼吸不足甚至不呼吸了。

2. **俯睡（趴睡）易發生：**
   相對於仰睡，俯睡的寶寶會較安睡及沉睡、肢體動作會較少，因此寶寶容易忘記呼吸及掙扎。此外，三、四個月大的小嬰兒，控制頭部轉動的頸部肌肉較弱，萬一口鼻被外物掩蓋，不易把臉移開，容易窒息死亡；即使寶寶是側睡，也可能因翻身而轉成趴睡。

3. **母乳哺育者較少發生：**
   母乳內含有甚多保護因子，可以減少寶寶感染疾病、減少產生過敏反應。

4. **家族中有猝死症病史者：**
   如兄弟姐妹。

5. **在懷孕期間或寶寶出生後接觸某些不良物質影響：**
   如抽煙、喝酒。

6. 寶寶曾有不明原因的呼吸暫停、心跳過慢、低血氧等突發危急生命的病史。

7. 易嘔吐或溢奶的寶寶：
嘔吐或溢奶的動作容易產生呼吸道的緊縮反射，造成寶寶會憋氣不呼吸而窒息死亡。

8. 環境溫度過高：
會抑制嬰兒自發性的呼吸功能。

如何降低嬰兒猝死症風險

1. 勿讓嬰兒趴（俯）睡

不要讓寶寶單獨地俯臥（趴睡）睡覺　　　讓寶寶仰睡最安全

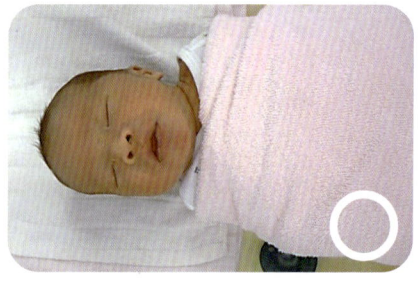

2. 讓寶寶吸吮奶嘴

嬰兒在睡眠中吸吮奶嘴可以避免過度進入熟睡期，因吸吮奶嘴時，舌頭會向前頂可避免呼吸道受阻塞。建議家長，在嬰兒滿一歲之前可以讓嬰兒睡覺時吃奶嘴。

3. **把寶寶裹到腰部以上**

當包裹嬰兒時，只需包裹他們的上半身，讓雙腿可以自由活動，並且不要覆蓋住嬰兒的頭部。一旦您的嬰兒已經可以很容易地自己翻成腹部朝下的姿勢時，就不能再裹住他們了，因為裹住俯睡的嬰兒，反而會增加嬰兒猝死症的風險。

4. **嬰兒應該睡在堅實、平坦的表面**

寶寶不可以睡在毛絨絨或鬆軟的表面，如沙發，水床，或鬆軟的床墊上。嬰兒睡眠環境周圍更應避免有存在枕頭、被褥、防撞墊、甚至填充玩具等鬆軟的物件。

5. **勿使室內溫度過高或讓嬰兒衣著過多：**

舒適的室溫應該控制在攝氏 25~28℃。嬰兒穿太多層衣服、蓋太厚重的毯子或睡在溫度太高的房間，都可能增加嬰兒猝死症的風險。一般來說嬰兒只需要穿和大人或年紀較大的兒童一樣多的衣服，就能保暖與感到舒適。讓嬰兒睡覺時，

應把嬰兒放在腳能碰到嬰兒床尾的位置，薄薄的毯子**只允許蓋到嬰兒胸部，避免蓋到臉**。

6. **嬰兒睡覺和居住的地方不能抽煙：**
香煙會使嬰兒的大腦組織產生改變以及肺泡中的表面張力素降低，會**增加**嬰兒猝死症的風險；嬰兒亦須避免接觸環境中的二手煙。

7. **嬰兒不可與他人同睡，但睡床應在父母附近：**
嬰兒應避免與父母或家中其他成員同睡一床；也避免讓嬰兒獨處一室，建議**嬰兒睡在自己的嬰兒床，同時與父母睡在同一個房間最安全**。（同室不同床）

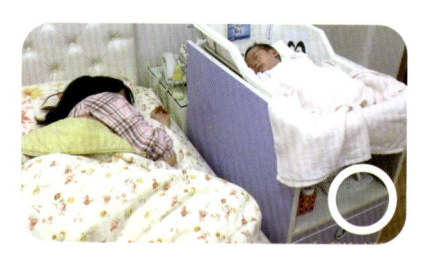

檢視寶寶是否處於安全的環境

1. 睡在專屬嬰兒床
2. 床鋪堅固、床單平整
3. 保持仰面睡姿
4. 無菸環境
5. 淨空寶寶睡覺區域
6. 頭、口、鼻無遮蓋
7. 如需額外保暖以包巾包裹時，手臂要露出
8. 避免環境過熱，注意通風，衣物勿覆蓋或包裹太多
9. 被毯蓋到嬰兒胸部，嬰兒腳要能碰到床尾並將被毯固定在床墊下

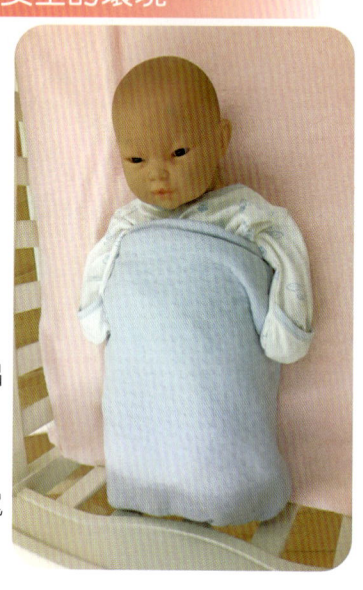

(二) 跌落

跌落是幼兒常見的意外，舉凡高樓、樓梯、腳踏車、遊玩場所（如溜滑梯或鞦韆）、床鋪、嬰兒車、學步車等等。跌落除了頭部與骨頭傷害外，因墜落碰觸到傢俱尖銳的邊緣也是一種傷害。

如何預防寶寶跌落

1. 嬰兒床**底板到上橫桿**的距離＞**60**公分以上。
2. 嬰兒床的**欄杆距離**＜**6**公分。
3. 矮床邊放軟墊、將寶寶嬰兒床的安全護欄拉起來，不要讓寶寶離開自己的視線。
4. 習慣將寶寶放在床的中間，勿靠床邊。
5. 購買合適的安全座椅及推車，使用時需調整及繫妥安全帶。

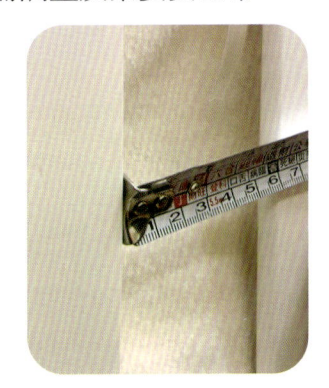

(三) 嗆奶

如何預防寶寶嗆奶

1. **嗆奶的緊急處理方法：**

   立刻將嬰兒擺成**側臥**姿勢**拍背**，讓嘴裏的奶水順利流出，或用吸球協助吸出嘴巴及鼻子的奶水。再觀察嬰兒哭聲是否宏亮、膚色是否紅潤、呼吸是否順暢；若未改善，仍有呼吸困難、急促、胸骨凹陷、發紺……等異常現象，則將嬰兒臉部朝下，**頭低屁股高**，手呈杯狀，**拍背 4~5 次**，使奶水咳出，處理後若嬰兒仍然出現呼吸急促、咳嗽不停則要立即送醫檢查。

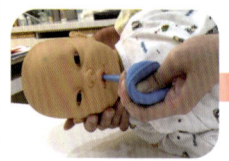

Part 4 產後坐月子

| 先口腔抽吸 | 再鼻腔抽吸 | 未改善則臉部朝下連續拍背4～5次 | 手呈杯狀 |

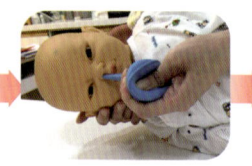

2. 嬰兒務必抱著餵、奶嘴孔洞大小合適、少量多餐、多拍背排氣、抬高床頭等，可減緩溢吐奶及嗆奶的發生。

(四) 燒燙傷

舉凡濺出來的熱湯、熱水，甚至火焰、家中的點火裝置等，常常會讓家中小寶貝有被燒燙傷之顧慮。

如何預防寶寶燒燙傷

1. 洗澡放水時應**先放冷水再放熱水**，水溫一般控制在 $39 \pm 2℃$ 左右。
2. 澡盆不要放在水龍頭底下，洗澡中也不需再加熱水。
3. 給寶寶食用任何熱飲前，要先確認溫度後再餵食。
4. 調奶使用**煮沸過**的熱開水沖泡後放涼，**餵奶前**將奶水滴在**手腕內側**測試溫度。
5. 使用電熱毯、電熱器或懷爐、熱水袋等高溫物品，要注意溫度使用距離，避免嬰兒皮膚因接觸高溫太久而造成燒燙傷。

| 先放冷水再放熱水 水溫 $39 \pm 2℃$ | 餵奶前務必滴奶於手腕內側測試溫度 |

寶寶燙傷的急救處理

1. **輕微燙傷：**
   - 寶寶體表面積很小，一點燙傷就會變得很嚴重，除了相當輕微的燙傷以外，建議都要住院處理。去醫院時也要用裹著毛巾的**冰袋冷敷**。
   - 皮膚變紅，沒有水泡，燙傷範圍小的在家中處理就可以了。但是 3 天後沒有好轉，就必須到醫院處理。

2. **嚴重燙傷：**
   - 燙傷的面積較大時（一雙手或整個胸部），**先冷敷**，不管任何燙傷都應立即**在水龍頭下沖 20~30 分鐘**，可緩和疼痛並也使燙傷面積不再擴大。
   - 若是臉部燙傷，可不停地用**濕毛巾冷敷**；為了避免傷及眼角膜，**不可**擦拭眼睛。
   - 燙傷時，**不可**勉強**脫掉衣服**，應把水直接淋在衣服上，然後再脫掉，袖管可用剪刀剪開。
   - 充分的冷敷後，儘快以乾淨毛巾包裹患部後送往醫院治療。如果是手腕燙傷，應以毛巾把手吊在肩上；如果是腳，應抱起患者前往醫院，不可自行塗藥。
   - 嚴重灼傷應叫救護車，一邊進行**冷敷**，一邊聯絡救護車，儘早送往醫院。

預防寶寶溺水

1. 選擇大小適合的澡盆，水位以寶寶坐入澡盆中，大約到腹部的位置最適當。
2. 根據統計**浴室溺水**最常見的原因有：**家長去打電話**、洗澡半途中處理另一個孩子的問題、忘了準備嬰兒毛巾或衣服而暫時離開等。

Part 4 產後坐月子

3. 洗澡時若家長需離開,不論時間長短,都建議先抱起寶寶,用浴巾包裹**暫停洗澡**。

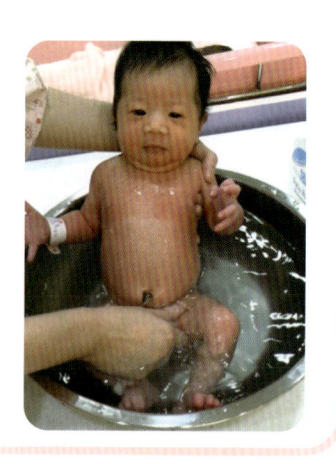

Dr.Chen 門診問答　常見 Q&A

Q1 嬰兒床可否放置枕頭?

A1　不適合,因寶寶頸部張力不夠,如果翻身俯臥或卡在枕頭與床間容易導致窒息,無雜物的嬰兒床最安全。

Q2 奶嘴的選擇?

A2　新生兒使用小圓洞 S 號奶嘴,若較容易溢奶及嗆奶,建議可以使用拇指型奶嘴,滿 3 個月可以更換十字孔奶嘴。

Q3 親餵母奶是否需要拍打嗝?

A3　寶寶在哭泣討奶時,已經吸了不少空氣在肚子裡,所以即使是親餵也該拍打嗝較好。

Q4 在家如何辨識寶寶是否嗆奶?

A4　寶寶的口鼻周圍膚色發紺(呈紫藍色)全身抽動、呼吸不規則、嘴巴吐出奶水或泡沫……等,應立即做嗆奶的處理。

十八、預防接種與體溫測量

　　嬰幼兒抵抗力較弱，若感染疾病容易變成重症或出現嚴重的併發症。所以接種的目的，主要是讓寶寶增加抵抗力、減少疾病發生。

　　施打人類的疫苗分成死疫苗及活疫苗 2 種，細分如下：

・活性減毒疫苗

　　活性減毒疫苗是完整的活性病菌，經過減毒的處理，並且已經降低該病原致病的能力後才打入人體，所以通常不會真的致病，縱使得病，臨床症狀也很輕微。

　　包括：卡介苗、麻疹／腮腺炎／德國麻疹混合疫苗、日本腦炎疫苗、水痘疫苗，及輪狀病毒疫苗……等。

・非活性死毒疫苗

　　非活性死毒疫苗是完全死苗（死病毒）施打後完全不會造成病菌的感染，相對來說較為安全，但對疾病的防護持續時間較短。

　　包括：五合一疫苗、B型肝炎疫苗，A型肝炎疫苗、肺炎鏈球菌疫苗，及流感疫苗……等。

・優缺點比較

優缺點 \ 種類	活性減毒疫苗	非活性死毒疫苗
優點	免疫效果較強而持久。	打入人體的病菌不具活性，不會致病，安全性高。
缺點	由於活性病菌打入人體會自行增殖，少數情況可能導致疾病輕微發作，必須格外謹慎照顧。	免疫效果通常較低，常需要反覆注射多次，且一次施打的維持期較短，通常只有 5~10 年。

(一) 寶寶六個月內預防接種照護及時程

接種時間	疫苗種類		注意事項
出生 24 小時內儘速接種	B型肝炎免疫球蛋白	一劑	民國108年7月1日起政府全面補助只要B肝陽性孕婦(雙陽性或單陽性皆可)的胎兒在出生內24小時內免費注射一支B型肝炎免疫球蛋白HBIG來降低胎兒被垂直感染的風險！
	B型肝炎疫苗	第一劑	1. 出生體重未達2000公克不能施打。 2. 應出生一個月後或體重超過2000公克，即可注射。
	照護：注射部位可能出現極輕微紅腫，可冰敷減緩不適，約 1~2 天症狀會消失。		
出生滿 1 個月	B 型肝炎疫苗	第二劑	發燒或正患有急性中重度疾病者，宜待病情穩定後再接種。
出生滿 2 個月	五合一疫苗（白喉、百日咳、破傷風、B 型嗜血桿菌及已完全滅菌死亡的小兒麻痺五種混合疫苗）	第一劑	1. 發燒或正患有急性中重度疾病者，宜待病情穩定後再接種。 2. 出生未滿6週，禁接種。
	照護：接種後 1~3 天可能發生注射部位紅腫、酸痛，偶爾有哭鬧不安、疲倦、食慾不振或嘔吐等症狀，通常 2~3 天後會恢復。接種後若持續高燒或發生嚴重過敏反應及不適症狀，應儘速就醫。		

十八、預防接種與體溫測量

接種時間	疫苗種類		注意事項
出生滿 2 個月	13價結合型肺炎鏈球菌疫苗	第一劑	1. 發燒或正患有急性中重度疾病者，宜待病情穩定後再接種。 2. 出生滿兩個月開始接種，共三劑。（滿2個月、4個月及12個月三劑） 3. 出生未滿6週，禁接種。
	照護：注射部位偶有紅腫、硬塊，或輕微發燒，觀察即可，接種後若持續高燒，應儘速就醫。		
出生滿 4 個月	五合一疫苗	第二劑	同上
	13價結合型肺炎鏈球菌疫苗	第二劑	同上
出生滿 5 個月	卡介苗		1. 建議接種時間為出生滿 5~8 個月。 2. 可自費檢驗嚴重複合型免疫缺乏症（SCID）※正常才可施打卡介苗 3. 發燒或正患有急性中重度疾病者，宜待情況穩定後再接種。
	照護： (1) 小紅結節期：約 7~14 天，注射部位會呈現一個小紅結節。 (2) 膿泡或潰爛期：約4~6週，變成膿瘍或潰爛，不必擦藥或包紮，只要保持清潔及乾燥，如果有膿流出可用無菌的紗布或棉花棒擦拭並避免擠壓。 (3) 癒合結痂：約2~3個月，自動癒合結痂會留下一個淡紅色小疤痕，經過一段時間後會變成膚色。		
出生滿 6 個月	五合一疫苗	第三劑	同上
	B型肝炎疫苗	第三劑	

接種時間	疫苗種類		注意事項
出生滿 6 個月	流感疫苗	第一劑	接種時間：每年10月開始施打至隔年2月。依家長意願選擇性施打。 1. 已知對疫苗的成份有過敏者，不予接種。 2. 過去注射流感疫苗曾經發生不良反應者。 3. 其他經醫師評估不適合接種者。 4. 發燒或正患有急性中重度疾病者，宜待情穩定後再接種。
	流感疫苗	第二劑	與第一劑需間隔4週。

(二) 自費疫苗：口服輪狀疫苗

疫苗種類	接種時間	注意事項
口服二劑型輪狀病毒疫苗	第一劑：6~13 週 第二劑：14~24 週 ・兩劑間隔至少 4 週，且6個月大前接種完畢	口服輪狀病毒疫苗可以和其他施打型疫苗同時使用，如五合一疫苗、肺炎鏈球菌疫苗、B型肝炎疫苗，並不會影響彼此免疫效力。唯與口服小兒麻痺疫苗應間隔 2 週錯開服用。 接種禁忌： 1. 發燒或正患有急性中重度疾病者。 2. 免疫功能不全者。 3. 對疫苗任何成份過敏或曾經發生不良反應者。 4. 中度至嚴重急性腹瀉或嘔吐症狀者。
口服三劑型輪狀病毒疫苗	第一劑：6~12 週 第二劑第三劑：與前一劑間隔 4~10 週 ・8個月大以前接種完畢	

(三) 注射疫苗後的照護原則

1. 大部分副作用較輕微，偶有倦怠感、焦躁不安、哭鬧或食慾不振，通常只需安撫和觀察即可，若有發燒情形，可讓寶寶**服用退燒藥**、**溫水拭浴**與**減少被蓋**，適時測量體溫，都是不錯的方法。

2. 接種部位可能有紅腫、疼痛現象，偶爾食慾不振、嘔吐及發燒等症狀。上述反應通常都是短暫的會在數日內恢復，**請勿揉、抓注射部位**。如接種部位紅腫十分嚴重或經過數日不退已經出現化膿或持續發燒，請儘速就醫。

(四) 體溫監測與維持

1. **維持體溫的重要性：**

   新生兒由於腦部下視丘體溫調節中樞功能尚未發育完整，**體溫的調節能力差**，體溫不易保持穩定，容易受環境的影響而發生變化。新生兒尤其是**早產兒**，是很少發燒的，**凡是有發燒**，一般**都必需將之視為重病**，要立即就醫治療。另外小嬰兒不會表達，加上嬰兒的病情變化比較快，很常容易拖延病程，所以，一般會建議**三到四個月以下的小寶寶有感染發燒的話就要住院做詳細檢查**。

2. **如何正確測量體溫：**

   ・正常體溫：

   耳溫：**36.5～37.9℃**。腋溫：36.5～37.5℃。肛溫：**36.5～37.9℃**

   ・不宜量體溫時機：寶寶正在哭鬧中（此時體溫偏高）、餵完奶之後（容易流汗）、洗完澡半小時之內（此時體溫易偏低）。

耳溫：正常體溫 36.5～37.9℃

・維持耳道一直線是重點。

・3歲以下嬰幼兒：可將耳廓往後下方拉。

・3歲以上幼童及成人：則將耳廓往後上方拉。

・3個月以下不建議使用（新生兒耳道短小容易有誤差）。

腋溫：正常體溫 36.5～37.5℃

- 將電子體溫計放在腋下中間夾緊，靜置約1分鐘左右（或發出嗶聲）。

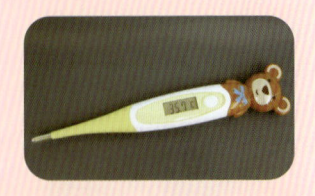

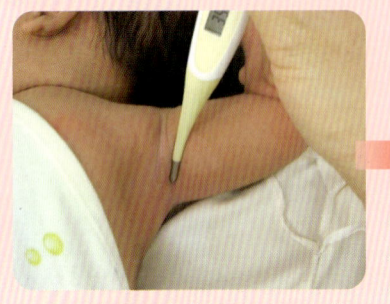

第一步驟：置於腋下正中處。

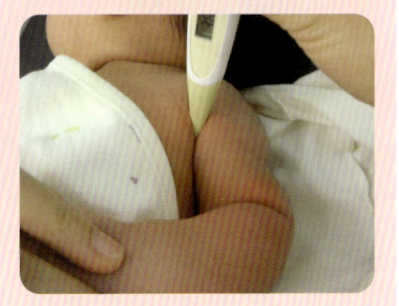

第二步驟：夾緊（約一分鐘聽到嗶聲即可）。

肛溫：正常體溫 36.5～37.9℃

- 測量時讓寶寶平躺或側躺，雙腿彎曲，以酒精消毒電子體溫計前端，再用凡士林潤滑，插入肛門約 1.5~2 公分深度後靜置，測量約 1 分鐘（或發出嗶聲）即可判讀。
- 忌量肛溫情況：寶寶腹瀉、肛裂。
- 量肛溫的注意事項:量肛溫會刺激排便，等解完便後再測量。不要在寶寶屁股用力的時候硬將溫度計插入，可以趁他們肛門較放鬆時再插入較佳。

(五) 發燒的原因及處理方式

1. 常見的發燒原因：病毒或細菌感染、其他疾病的先兆：如上呼吸道感染、腸胃炎、細菌感染（尿道感染或敗血症）、皮膚膿疱、注射疫苗的正常生理反應、周遭環境影響等。

2. 發燒的處置：

- 初步處理：調節室溫維持在 **25~28℃**、減少被蓋衣物、穿著適量且吸汗的衣服（幫助身體散熱），**30分鐘～1小時後，再量一次體溫。**

- 物理方式降溫：用**溫水**替新生兒沐浴或擦身，可幫助皮膚血管擴張、促進血液循環、幫助散熱。**不可用冷水或酒精**幫新生兒洗澡，因為會使新生兒皮膚血管收縮，導致高熱困在寶寶體內散不去。半小時至一小時後再量一次體溫，若體溫**仍高於 38℃以上**建議立刻就醫。

新生兒發燒（3個月以下）需要靠住院檢查才能查出病因，因抵抗力較弱也易產生其他併發症。所以若確定不是因為衣服包太多或其他生理因素造成的體溫偏高，通常都需要給醫師評估。

(六) 體溫過低

體溫過低可能導致寶寶活動力及食慾減少，故體溫（**肛溫**）**低於 36.5℃**時，需增加被蓋、衣物保暖及調高室溫，在做好保暖措施後，30分鐘~1小時後，再量一次體溫，如果結果相同，應立即送醫做進一步檢查。寶寶體溫過低的原因，包括了可能是穿得太少、保暖不足、所處環境溫度過低，如果伴隨寶寶有活力不佳的表現時，就必須懷疑是否出現**低血糖**、**內分泌異常**或**嚴重感染**的可能。

(七) 寶寶穿衣原則

夏季的衣服都是貼身穿的衣服，所以要柔軟、涼爽、透氣、吸汗，又能保護皮膚，因此最好是選**棉質**、絲綢布料的衣服。化纖類的布料雖然好洗易乾，色彩鮮艷，但是不透氣，並且對嬰兒的皮膚會有一定的刺激性。

嬰幼兒生長發育較快，服裝**宜大不宜小**。衣服小，會使嬰幼兒不舒服，影響孩子的生長發育。總體來說，衣服要選擇方便脫換、樣式簡單的。穿著的衣服原則上是，夏天比大人少一件，冬天比大人多一件。

Part 4 產後坐月子

Dr.Chen 門診問答　常見 Q&A

Q1 寶寶被注射疫苗後，家長可以按揉施打疫苗部位嗎？
A1 家長「不可以」按揉寶寶施打疫苗部位喔！因為要讓疫苗成分在寶寶體內「慢慢地」被吸收後，寶寶體內才能產生抗體喔！

Q2 寶寶發燒時須馬上送醫嗎？
A2 可先做初步處理（調節適溫、減少被蓋、溫水拭浴），30 分鐘至 1 小後時再測量體溫，若仍高燒（≥38℃），需立即送醫。

Q3 寶寶適合使用哪種體溫計？
A3 3 個月以「下」建議使用「電子腋溫計」。因為嬰兒耳道短較狹窄，量耳溫易有誤差。

Q4 自費疫苗需要施打嗎？
A4 注射疫苗主要是讓寶寶身體增加免疫力，即使受到感染也能減少病情嚴重度，若家長經濟狀況許可，可經由醫師評估過後施打自費疫苗。

Q5 打完疫苗發燒怎麼辦？
A5 可先做初步處理（調節適溫、減少被蓋、溫水拭浴），接下來觀察寶寶活動力、食慾及睡眠情形，適時監測體溫，也可服用退燒藥，若寶寶仍持續高燒不退，需立即送醫做進一步檢查。

Q6 預防接種的效果能維持多久？
A6 疫苗因疾病種類及體質的不同，持續的效果也有差異，建議家長應按照兒童健康手冊上的時程，依序施打，來維持疫苗的時效性並發揮作用。疫苗並不是施打後就能永久維持，例如流感正在流行時，建議施打流感疫苗以增加保護力，但並不是施打後就不會得到流感。接種疫苗的目的是減少嬰幼兒免於疾病的感染，即使感染到也能將病情降低，畢竟嬰幼兒抵抗力不如成人來的好。

十九、兒童生長發育遲緩

　　從孩子呱呱落地，父母就像園丁般守護孩子成長的每個過程，給予水分、陽光、氧氣，歪了撐支架，修剪枝葉，抓取害蟲，盡自己所能養育孩子，同時孩子的身高與體重也是父母最關心的課題，怕孩子太瘦小，營養不良，肌耐力不夠，無法完成體能運動，更怕求學過程遭受霸凌，所以為人父母者對兒童生長發育遲緩應有了進一步的認識與了解。

(一) 什麼是生長遲緩

　　父母可以參考每個兒童都有的兒童健康手冊裡面的身體發育曲線表，來了解自己小孩的生長情形！

　　身體發育曲線表是抽樣選取國人 **0~6 歲**的嬰幼兒，實際測量他們的**身高**、**體重**及**頭圍**，一般而言，嬰幼兒之生長指標落在第 **97** 百分位及第 **3** 百分位的兩曲線之間，屬正常範圍。若超過第 97 百分位或低於第3百分位時，就要考慮寶寶的該項生長指標有過高或高低之情形。

(二) 以下情況需就醫

- 生長曲線**小**於第 **3** 個百分位。
- 生長速率變慢：3 歲以上的孩子每年**身高**增加**小於 4 公分**。

(三) 如何預估孩子的身高

- **男生**：（**父母身高總和 + 13**）÷ 2
- **女生**：（**父母身高總和 - 13**）÷ 2

(四) 影響生長的因素

1. 遺傳因素：

遺傳決定孩子日後生長的潛力。

2. 營養因素：

均衡的飲食是生長的重要因素，營養失調可能會造成較早停止生長，最後成人的身高，反而不如預期。

3. 內分泌因素影響：

- 內分泌原因：
  生長激素缺乏症／甲狀腺素低下症／庫欣氏症候群／低磷性佝僂症
- 非內分泌原因：
  透納氏症候群／小胖威利氏症候群／唐氏症／軟骨發育不全症

兒童生長曲線圖

女孩年齡別身長／身高圖
出生至5歲的百分位

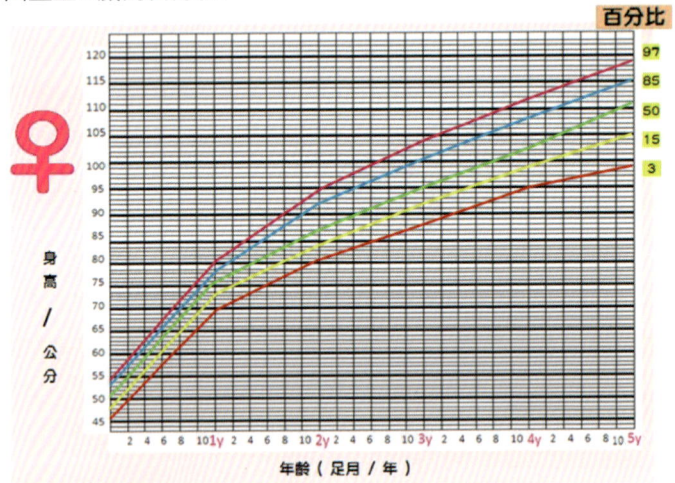

男孩年齡別身長／身高圖
出生至5歲的百分位

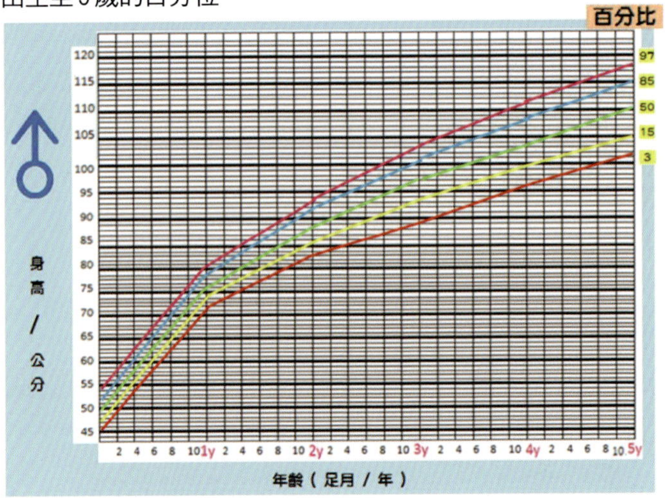

(五) 檢查

- 首先確定寶寶目前的生長有沒有問題，立即評估寶寶的身高、體重、及生長速度等是否有顯著差異。
- 其次評估完整的出生史是不可缺的。例如：早產、低體重兒(出生後小於2500克)
  注意：約10~15%的低體重兒(出生後小於2500克)，出生後會持續性的生長遲滯！
- 評估青春期「性徵」，四肢與軀幹比例等，找出問題所在。
- 實驗室檢驗，確定疾病的診斷或排除懷疑：

常作的有骨齡檢查（左手及腕部X光），可幫助鑑別診斷遺傳性矮小、或體質性發育遲緩，及預估生長的潛力。若懷疑內分泌疾病引起的生長異常時，依需要測甲狀腺功能、生長激素、鈣、磷及鹼性磷酸酶。最後，女孩若找不出明顯病因時，常會加測染色體，看是否為「透納氏」症候群 (45，X)。

(六) 幫助生長的方法

1 飲食
- 蛋白質。
- 鈣、鎂、維生素 C、維生素 D。
- 「減少」含「糖」飲料，選擇新鮮食材。
- 準備孩子喜歡吃的食物。
- 從小養成生活常規，吃飯時能坐在用餐椅上。

2 運動
- 每日運動 20~30 分鐘。
  例如到公園跑跳、「跳繩」、打球、游泳。

3 作息
- 愉快的心情。
- 正常的作息，把握 夜間 11 點~清晨 3 點 一定要睡覺，因為此時生長激素分泌最旺盛。

(七) 把握黃金生長期

- 學齡期的孩子身高至少一年長高 4~6 公分。
- 青春期是快速生長階段。
- 女生：8 歲以後開始「胸部刺痛」到初經來約需 2 年時間。這 2 年期間明顯生長出現加速，至初經來時開始減速，所以得把握這 2 年。

> **小叮嚀**　女孩子「初經」來過後,最終身高平均只能再長高「5公分」左右而已,因此要多鼓勵青春期一開始〔胸部開始脹痛為女孩子青春期的第一個性徵〕的女孩在家可以多多做「跳繩」這種運動。

- **男生**:9 歲以後「睪丸變大」,1 年後長腋毛、變聲、長鬍子。若骨骼的生長板已癒合,通常女生的骨齡 14 歲以及男生骨齡 16 歲時,生長板就會密合,之後就不容易長高。

(八) 性早熟

　　近年來,性早熟的兒童有增加的趨勢。國內十歲以下兒童約 360 萬人,保守估計國內至少約有 300 多名患者。性早熟是指青春發育比一般兒童的正常發育年齡提前,女孩子的發育年齡是 8~13 歲,男孩子是 9~14 歲,若小女生在 8 歲之前出現「胸部隆起」、月經提早報到、有陰毛等明顯第二性徵;小男生在 9 歲之前「睪丸」或陰莖變大、長出陰毛與變聲,這些都是性早熟的現象,為避免外觀的改變可能引起同齡孩子的嘲笑,而影響孩童心理發展,父母應儘早就診檢查。

(九) 如何掌握兒童的生長狀況

- 善加利用健保兒童預防保健,請專業小兒科醫師利用台灣兒童身體發育表來評估寶寶的生長發育,並且利用學校的兒童健康檢查來記錄孩子的身高體重。
- 尋求具有「小兒內分泌」次專科醫師的評估篩檢和治療。

十九、兒童生長發育遲緩

Dr.Chen 門診問答　常見 Q&A

Q1 自費打生長激素有效嗎？
A1 生長激素不是仙丹，除非對症下藥，如：生長激素缺乏症，但若不是這疾病的話，生長激素的幫助有限。

Q2 月經來後還可以長多高？
A2 初經來後，女孩子最終身高只可以再長「5」公分左右。

Q3 媽媽懷孕時若睡眠不佳或熬夜（晚上11點至清晨3點「不睡覺」）的話會不會影響寶寶的生長？
A3 會。媽媽身體健康，小孩身體才會健康。

Q4 女孩子青春期的第一個性徵為何？
A4 「胸部」開始隆起。

Q5 男孩子青春期的第一個性徵為何？
A5 「睪丸」開始變大。

Q6 一天當中生長激素分泌最旺盛的時間在何時？
A6 晚上11點~12點

Q7 可否推薦青春期女孩子的居家長高運動種類和建議項目呢？
A7 跳繩（可以每日洗澡前跳繩至少100下）＋ 多吃高蛋白質食物（① 每天吃一顆蛋 ＋ ② 喝全脂牛奶或豆漿 ＋ ③ 白肉〔魚肉／雞肉〕或紅肉〔牛肉／豬肉〕＋ ④ 海鮮）＋ 高品質睡眠（晚上 11 點至凌晨 3 點一定要「熟睡」），所以最晚 23:00「前」就要上床睡覺了！

二十、產後媽媽的營養照顧

產後媽咪身體處在較虛弱的狀態，必須攝取足夠的營養與熱量才能成功補身又恢復體力。但是大部分的媽媽又擔心吃太多補，導致熱量攝取過多而發胖影響身材，其實，除了傳統坐月子的麻油、豬腳、米酒……等等食材外，適量食用蔬菜水果，**攝取膳食纖維也同樣重要**。良好的營養攝取除了可促進產婦維持健康之外，更可增加抵抗力、預防感染發生，並增進產後恢復體力。

(一) 產後飲食重點

產後的營養需求，建議媽媽們可以這麼吃

1. 適量**補充優質蛋白質**促進產後身體的復原及增加乳汁的質與量。優質蛋白質包括豬、牛肉、牛奶、雞蛋、魚……等。

2. **增加充足的熱量**孕期儲存的脂肪可為泌乳提供約 1/3 的能量，另外的 2/3 則需要由產後的飲食來提供產。婦怕胖不敢吃東西，反而會下降新陳代謝，影響營養素的吸收。

   每日增加 500 大卡

3. **少量多餐**
   每日 5-6 餐有利於食物消化吸收，恢復腸胃功能。

   一次進食過多、過飽或一味進食高脂肪食品，易消化不良、腹瀉、腹脹，嚴重者可能會導致營養過剩、體重暴增。

4. 增加**維生素攝取**
   增加含維生素 B1、C、D 及**葉酸豐富**的食物。如：蔬菜、水果等深綠色蔬菜富含葉酸。

5. 增加**礦物質攝取**增加含**鐵質**、**鈣質**及**碘**豐富的食物，幫助補血也能幫助提升新陳代謝，有利於產後媽媽身體機能恢復。如：豬肝、瘦肉、豬血、牛奶、雞蛋、牡蠣、海帶……等。

(二) 產後的飲食禁忌

1. 忌食過鹹食物
含鹽多可能引起產婦體內水分滯留造成水腫，並易誘發高血壓。但也不可完全不吃鹽，需要適量補充一定量的鹽，以維持生理機能。

2. 忌單一營養或吃過飽
產婦不能挑食、偏食，要做到食物多樣化。由於產後媽媽胃腸功能較弱，過飽不僅會影響胃口，還會妨礙消化功能。因此，產後要做到少量多餐，可由平時3餐增至5~6餐。

3. 產後不宜多吃味精
味精內的谷氨酸鈉會通過乳汁進入嬰兒體內。過量的谷氨酸鈉能與嬰兒血液中的鋅發生特異性的組合，生成不能被人體吸收的鋅伴隨尿液排出，從而導致嬰兒鋅缺乏。嬰兒不僅出現味覺差、厭食，而且造成智力減退，生長發育遲緩等不良後果。

4. 忌生冷油膩食物
- 由於產後胃腸蠕動較弱，故過於油膩的食物如肥肉、油湯、炸物等應儘量少吃，以免引起消化不良。
- 夏季分娩的產婦大多想吃些生冷食物，如冰淇淋、冰鎮飲料和拌涼菜、涼飯等，這些生冷食物容易損傷脾胃，不利惡露排出。

5. 不吃糯米粽子等黏性比較高的食物
媽媽在生產時，身體許多臟器包括腸胃道都曾受到一定程度的擠壓，產後胃腸張力及蠕動均比較弱，而糯米或黏性高的食物因不好消化，會讓腸胃不好或有便秘的媽媽，更容易分泌胃酸或消化不良，並不建議在坐月子期間食用。

二十一、產後如何瘦身

許多孕婦在產後都會有身材發福變形，特別是腹部、腰部和下巴的肥胖，不但不好看，更會讓準媽媽得產後憂鬱症。尤其臺灣生育率逐年下降的今天，產後身材大走樣更讓許多女性不敢生育，究竟要如何有效對抗產後肥胖？其實很簡單，要先建立兩個觀念：

第一正確觀念：「漂亮的產婦或孕婦，大多是體重控制得宜」。

第二錯誤觀念：「一人吃兩人補」深怕腹中胎兒無法得到發育所需的營養，因此懷孕期間通常會攝取過多熱量，往往造成孕期體重增加過多。如何能有一個平衡點，掌握正確要領很重要。

一般產後**肥胖的定義**為自然產或是剖腹產，產後體重到約 42 天（六週）時，相較於**生產前**應該**低於 5 公斤**，也就是要少於 10% 的體重；**若是過了一年**，多於生產前 10% 的體重，便是**產後肥胖**。肥胖到底對人的健康有什麼壞處，我們可以由國人**十大主要死因**得知，有一半左右都是因為**肥胖導致**的，例如：心血管疾病、腦血管疾病、糖尿病、高血壓及肝腎病變等……所以，擁有標準的體重對身體健康是多麼重要的事情。

(一) 標準體重判定：

1. BMI：

標準體重通常會由BMI身體質量指數來判定，**標準範圍為18.5≦BMI≧24**，在這範圍裏面的人，罹患疾病及死亡率的風險都是比較低的，所以可以當作產後媽媽**控制體重的初步指標**。

2. 體脂肪率：

現在醫學上測量肥胖不再只用體重，而是用脂肪佔體重的比例，一般而言，**男生**體脂率**正常**在 **14~23 %**之間，**女生**約在 **17~27 %**之間；成年男子的體脂肪率超過 25%，成年女子超過 30%，就是所謂的「肥胖」。所以就算有人體重超重許多，但體脂肪率只有 20%，並不能稱為肥胖；反之若體重在標準以下，但體脂肪率在 30% 以上，也可以稱為肥胖，由此可見體脂肪的高低比體重更值得大家注意。

3. **內臟脂肪（腰圍）：**
   男性腰圍大於 90 公分、女性腰圍大於 80 公分。腹部以上肥胖的人，屬於內臟型肥胖，易產生代謝性問題及四高等慢性疾病（高血壓、高血脂、高血糖、高尿酸）。

(二) 體脂肪到底如何形成的呢？

體脂肪是由飲食中吃下去的油、糖（碳水化合物）堆積而成。油變成脂肪很容易理解，但是糖呢？主要是經過小腸分解後，最終會變成葡萄糖進入血液，成為身體能量的來源。當血液中的葡萄糖濃度一升高，胰島素就開始分泌，胰島素是開啟脂肪細胞大門的鑰匙，可將葡萄糖從血液中運至脂肪細胞，使它們變肥大。所以就算在飲食中不吃脂肪，飲食中的碳水化合物也會讓脂肪細胞變大，讓身體肥胖。

(三) 產後媽媽如何輕鬆減重

產後減重其實很簡單，只要掌握一個重要觀念：3 低 2 多 1 適量。

3 低：

低油 少吃看得見的油，例如：肥肉、鮮奶油，以植物油（芥花油、橄欖油）取代動物性油（豬油、雞油、牛油、奶油），外食族或是健康烹調方式可以選擇低油烹調法（蒸、燉、煮、涼拌、川燙）。另外要注意隱藏在食物當中的油，例如：抹醬（花生醬、美乃滋、巧克力醬）、沾醬（沙茶醬、沙拉醬）、中西式糕點（麵包、月餅、蛋糕、鬆餅）、偽裝油（奶精）。

低糖 少吃看得見的糖，例如：糖果、餅乾、蜂蜜、焦糖、冰糖、巧克力醬。避免精緻糕點（蛋糕、甜甜圈、鬆餅、月餅、喜餅……）或是含糖飲品手搖飲料。注意看不見的糖，例如：酒、果汁、低脂或零脂肪食物（改變風味增加糖分）、醬料（甜麵醬、醬油膏、甜辣醬……）。

低鹽 減少加工食品，罐頭、醃製食物（泡菜）及含鈉調味料的使用，如：雞粉、魚露、番茄醬、豆瓣醬、醬油膏、辣椒醬……。

低鹽 **注意躲起來的鹽巴**，例如：白吐司、低鈉鹽、麥片、夾心餅乾、零卡果凍蒟蒻干、運動飲料、罐裝蔬果汁、關東煮湯汁、主食拌醬、鱈魚香絲、肉干、蜜餞……等。

2 多：

多蔬果 **烹調方式建議低溫**，例如：川燙、水煮，比較能保留食物當中的營養素。蔬果儘量多元化。不同顏色食物具有不同的營養素，可以提供身體足夠營養，提高代謝，延緩老化，提升免疫力。

1 適量：

蛋白質 豆魚肉蛋建議從豆類、魚類攝取優質蛋白質，並減少油煎油炸油炒的烹調方式。選擇低脂肉類（白肉、雞肉、魚肉）會比高油脂肉類佳（三層肉、五花肉）。

(五) 產後肥胖的預防及治療

包括行為的改變、飲食的控制及運動習慣的養成。

1. 行為的改變：

包括良好飲食習慣的培養或學習，**定時定量**、**細嚼慢嚥**，吃東西時不看電視，看電視時不吃東西，都是良好的飲食習慣。

2. 飲食的控制（管理、規劃）：

飲食應力求均衡不偏食，多吃自然的食物，過份精緻或高熱量的食物應該儘量少攝取，刺激性或口味重的食物應該避免。

3. 運動習慣的養成：

養成規律運動的習慣，除了能增加熱能的消耗，也能鍛鍊心肺功能，促進新陳代謝，也可以保持心情的舒緩。 運動量須視個人能力決定，持之以恆才是重點。

安全產後減重基本原則

1. 求穩不求快，以免危害健康，甚至造成復胖。
2. 每星期減少 0.5~1公斤
3. 哺乳媽咪不可服用減肥藥
4. 適度攝取水分
5. 多適量補充蛋白質
6. 每週運動3次，每次30分鐘

二十二、產後身體紓壓

　　偉大辛苦的媽媽們，在經歷人生的重要關卡，哺乳、育嬰只能從摸索中跌跌撞撞學習，進而成為擠乳高手及育嬰專家唷！

　　首先在產後面臨心理壓力的情況下哺乳，面對來自各方的關心：妳有母乳了嗎？這句簡單的關心，無形成為媽咪心中沉重壓力，在此想與媽咪分享一些經驗。

　　產後要及早親餵按摩，多刺激乳房以利漲奶，湯品部分要減少，可預防乳腺充盈太快形成硬塊，如此媽咪才能輕鬆上手。

　　再來是產後酸痛的問題，因為擠母乳、久坐、抱寶寶，導致手部頸肩肌肉過度使用，產生肌肉拉緊造成身體上的酸、麻、脹、痛，這是我們不當使用所累積下來的症狀。

　　痠痛的緩解若求助醫師，處方吃藥打針，似乎當下有緩和，但擠母乳的動作沒辦法停止，肌肉痛或許很快就又回來了，對酸痛根本沒有治本的效果，所以要從根本開始。

　　首先酸痛是因為肌肉緊束，而壓迫**神經**和**血管**，影響血液暢行度，而造成肌肉變**硬**，形成肌肉**條索**和**硬塊**。

　　其實不管酸痛多久，只要不厭其煩將硬化的肌肉層，運用家中**現有的工具**或公園中的單槓、牆角，以自身的重量做**按**、**壓**、**搓**、**磨**，並配合**泡熱水澡伸展運動**，把硬化的肌肉，像剝洋蔥一層一層按壓開來，讓肌肉群逐漸鬆軟恢復它們應有的彈性，疼痛自然得到改善，當然必須保持一顆有恆心的意志力，才能讓酸痛不要找上門唷！

二十三、產後運動好處多

　　媽咪在懷孕中因生理上改變,容易造成不良姿勢,產後做月子期間也因抱寶寶和擠母乳而容易有媽媽手、腰酸背痛的情況,除了以藥物和物理治療外,還可選擇在**專業人員指導下**,進行**適度的運動**來促進產後子宮和會陰肌肉的收縮,協助骨盆韌帶、腹部及骨盆肌肉群功能恢復。

　　適度的運動可以有效改善血液循環、加強上肢肌肉、恢復窈窕曲線、矯正因懷孕導致的不良姿勢,也可紓壓心靈上的壓力,可見產後運動好處多多唷!

胸腹部呼吸		產後第 1 天可開始	
優點	收縮腹肌 促進全身血液循環	做法	平躺後,用鼻深吸氣使腹部凸起後,再慢慢的吐氣並放鬆腹部肌肉

頭頸部運動		產後第 2~3 天可開始	
優點	使頸部和背部肌肉得到舒展	做法	平躺後,慢慢將頭舉起將下巴靠近胸部,保持身體其他各部位不動,再慢慢回原位

二十三、產後運動好處多

乳部運動	產後第 2~3 天可開始	
優點	預防乳房鬆弛下垂	
做法	平躺後，將雙手平放二側，再將雙手往頭頂向上伸直，然後二手手掌與眼睛平視	

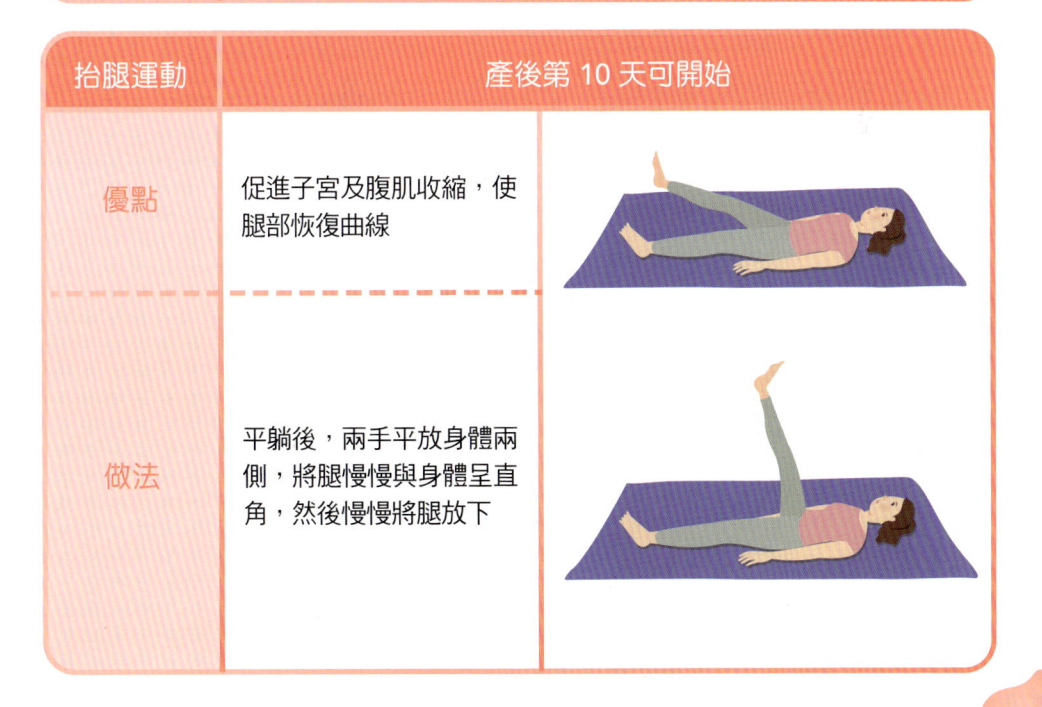

抬腿運動	產後第 10 天可開始	
優點	促進子宮及腹肌收縮，使腿部恢復曲線	
做法	平躺後，兩手平放身體兩側，將腿慢慢與身體呈直角，然後慢慢將腿放下	

屈腿運動

產後第 10 天可開始

| 優點 | 促進腹部及大腿肌肉收縮，促進子宮恢復 | 做法 | 仰臥，手腳伸直，將一腿舉起使足跟貼近臀部再伸直，兩腿輪流 |

收縮會陰運動

產後第 14 天可開始

| 優點 | 收縮會陰部肌肉促進傷口癒合，預防子宮下墜促進膀胱收縮力恢復 |
| 做法 | 平躺後抬起臀部，兩膝合併，慢慢吸氣緊縮陰道周圍及肛門口肌肉 |

二十三、產後運動好處多

膝胸運動	產後第 14 天可開始	
優點	可促進子宮恢復正常位置，避免腰痠背痛	
做法	兩膝與肩同寬，將身體採跪伏姿勢，胸與肩儘量貼近床面，腰部要挺直，臀部高舉	

腹部運動	產後第 14 天可開始	
優點	促進腹部及大腿肌肉收縮，促進子宮恢復	
做法	平躺後，兩腳屈膝合併抬起，約 10 秒後，雙腳慢慢放下再重複操作	

小叮嚀
- 由輕微運動開始，運動的強度隨自己的狀況調整，勿勉強自己，避免太累。
- 剖腹產的媽咪，必須要依傷口及個人情形選擇適宜的運動。
- 運動前先解小便
- 避開進食前後 1 小時做運動
- 運動時若惡露增多或疼痛增加或感覺疲倦時，必須立即停止。
- 運動時間，可以早晚 2 次，每個項目做 5～10 次
- 穿著寬鬆舒服衣褲，選擇硬板床並舖上瑜珈墊

243

二十四、產後運動的意義

時代在變，大環境在變，思維要改變，改變坐月子不可以「動」的舊觀念。運動的目的在於活化體內的細胞，促進新陳代謝，解除產後疲累。練習如何讓自己放鬆，恢復精神，讓心情保持寧靜，消除緊張和壓力預防產後憂鬱症。

產後運動在坐月子期間就要開始。因為它不但可以**增強會陰肌肉的彈性**，**促進子宮收縮**、**預防子宮**、**膀胱**、**陰道下垂**，讓產道恢復彈性，並使子宮恢復回原來的位置，所以產後瑜珈是促進骨盆腔血液循環很好的運動。

不論是自然產或是剖腹產，雖然恢復情況不同，但大致來說準媽媽們在坐月子期間即可依個人體質及傷口癒合情況逐漸練習產後瑜珈。

簡單的瑜珈伸展動作均可苗條身材，保護內臟，促進新陳代謝，增強皮膚的彈性和光澤，改善腰酸背痛，讓產道恢復彈性。謹此祝福諸位準媽媽們產後更健康、更美麗、更有自信、更性福。

產後復原運動：

1. **產後第一天：**
   舒緩產後的疲累可做**胸式呼吸**，輕輕吸氣慢慢擴胸，輕輕吐氣，吐氣要比吸氣「長」，慢慢放鬆，使心情寧靜、祥和，促使內臟機能提昇，腰部以下務必完全放鬆。

2. **產後第二天：可開始做「腹式」呼吸**
   輕輕的鼻子吸氣，肚子膨脹，慢慢的吐氣縮肚子（剖腹的媽媽兩星期後才可以做）。腹式呼吸法可以排出體內的濁氣、消除緊張、焦慮與壓力，促進內分泌平衡預防產後憂鬱症。

   產後復原的體位法，因為每一位媽媽的傷口癒合情況不同，體力恢復狀況也不盡相同，所以需要視個人狀況給予適當的引導。在輕鬆自在的氛圍中伸展筋絡，消除疲勞，恢復體力，促進內分泌平衡。使鬆弛的產道恢復彈性，預防或改善脫肛、漏尿，預防便泌，改善腰酸背痛，調整骨盆前傾，肩頸酸痛、僵硬，預防或改善手腳冰冷、消水腫，預防抽筋，促進乳腺分泌，亦可強化性功能，同時可達到消脂塑身之功能。

二十五、產後情緒調適

多數產婦在產前及產後因內外在環境及身心的改變，其龐大的壓力源使產婦承受不住而出現產後情緒障礙，間而影響了產婦夢寐以求的期盼，並也是危害產婦身心健康的問題之一。

(一) 認識產後情緒障礙分類表：

產後情緒低落	盛行率(%)及發生時間	症狀	治療方式
	盛行率：70~80% 發生時間：產後3至4天～不超過兩週	身心理方面：心情焦慮、低落、疲憊，甚至哭泣或者無原因的對新生兒、先生或其他家人及小孩生氣。 入睡困難、作惡夢、頭痛不適等等身體症狀。	不需藥物治療

產後憂鬱症	盛行率(%)及發生時間	症狀	治療方式
	盛行率：10~15% 發生時間：產後兩週內～數週至數月	身心理方面：情緒激動、易哭泣、反應變遲鈍、食慾異常下降、產生強烈的罪惡感、無助感以及一直擔心自己沒有能力可以照顧好寶寶、也無法集中精神處理日常事務，嚴重者甚至產生自殺的念頭。	需專業治療 ★產後重鬱者容易出現有自殺的行為或帶寶寶一起尋死的危險！

產後精神病	盛行率（%）及發生時間	症狀	治療方式
	盛行率：0.1~0.2% 發生時間：六週內 ～ 數週至數月	身心理方面：情緒不穩定、激動哭泣、神智呆僵或不清，對外界幾乎沒有任何的反應，強烈罪惡感及無力感，誤認胎兒已死亡或被掉包等幻覺。	需專業治療及住院治療

(二) 產後壓力源

1. **生理身心的變化：**
   以及產後賀爾蒙突然下降，包含雌激素、黃體素、甲狀腺素、腎上腺素等。

2. **母育角色所引發的壓力：**
   被照顧者變成照顧者、擔心寶寶溢奶或嗆奶、擔心衣服穿太多或太少、擔心寶寶生病、擔心抱不穩寶寶而滑落……等。

3. **支持系統缺乏或不足：**
   先生陪伴關懷時間不夠、得不到家人足夠的心理支持、家族不能接受新生兒的性別、家族對照顧寶寶的看法意見太多或只關注寶寶而忽略媽媽的關懷……等。

4. **支持系統缺乏或不足：**
   必須將寶寶交給他人帶、選擇要繼續工作與在家照顧寶寶、寶寶命名不夠完美、親餵或瓶餵配方奶……等。

(三) 產後情緒調適的方式

1. 強化彼此間的溝通（包含先生、家人或其他成員），多一點關懷、傾聽和讚美。

2. 生育和養育是家庭事件而非女性一人職責，故每個家庭成員需調整自己，共同經歷角色變換。

3. 認同及肯定自己為母親角色的重要性。

4. 多參與支持團體，彼此分享育兒生活經驗。

5. 可採適當運動，以放鬆身心，為自己創造閒適、健康的環境。

6. 遇到挫折壓力時，可尋求緩解之道，讓每個歷程成為成長的動力。

7. 珍惜每個睡眠機會及清淡而營養的產後飲食。

8. 爸爸也會產後憂鬱，互相體諒、支持、放棄完美主義。

(四) 給自己的小聲音

1. 我 ＿＿＿＿＿，老公極盡心力照顧我，也受到上天與眾親朋好友的照顧，在＿＿年＿＿月＿＿日我的孩子出生了，來到這個美麗的世界。

2. 懷孕的過程，我努力的穩住自己，照顧好自己，過程雖然辛苦，卻甘之如飴。

3. 未來在養與教的路途上，不論遇到任何困難，我將跟現在一樣勇敢。

4. 我將給我的孩子【無條件的愛】，所以，我先學習無條件愛自己，不管我的狀況如何，我會全然的接納自己，安頓好自己。

5. 媽媽快樂，孩子才會快樂，我會為孩子不斷學習與成長，讓自己成為一位安定、自在、快樂的媽媽。

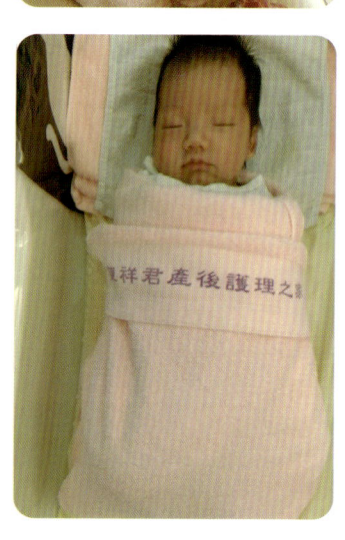

(五) 愛丁堡周產期憂鬱量表

是目前臨床上最常用於篩檢產後憂鬱症的工具，詢問產婦十項問題，以瞭解過去七天內的心理狀態，每個問題得分為零到三分，當總分超過十二分很可能有產後憂鬱的情況，有需要進一步完整評估。

- **量表內容：**

恭喜您懷孕了（或孩子出生了）！我們想了解一下過去七天內您的心理感受，請勾選最能描述您心情的感覺選項，沒有所謂的正確答案。

1. 您能看到事物有趣的一面，並笑得開心
   □1. 同以前一樣 □2. 沒有以前那麼多 □3. 肯定比以前少 □4. 完全不能

2. 您欣然期待未來的一切
   □1. 同以前一樣 □2. 沒有以前那麼多 □3. 肯定比以前少 □4. 完全不能

3. 當事情出錯時，您會不必要地責備自己
   □1. 大部分時候這樣 □2. 有時候這樣 □3. 不經常這樣 □4. 沒有這樣

4. 您無緣無故感到焦慮和擔心
   □1. 一點也沒有 □2. 極少有 □3. 有時候這樣 □4. 經常這樣

5. 您無緣無故感到害怕和驚慌
   □1. 相當多時候這樣 □2. 有時候這樣 □3. 不經常這樣 □4. 一點也沒有

6. 很多事情衝著您而來，使您透不過氣
   □1. 大多數時候您都不能應付 □2. 有時候您不能像平時那樣應付得好
   □3. 大部分時候您都能像平時那樣應付得好 □4. 您一直都能應付得好

7. 您很不開心，以致失眠
   □1. 大部分時候這樣 □2. 有時候這樣 □3. 不經常這樣 □4. 沒有這樣

8. 您感到難過和悲傷
   □1. 大部分時候這樣 □2. 有時候這樣 □3. 不經常這樣 □4. 沒有這樣

接續

9. 您不開心到哭泣
　　□1. 大部分時候這樣　□2. 有時候這樣　□3. 不經常這樣　□4. 沒有這樣

10. 您想過要傷害自己
　　□1. 大部分時候這樣　□2. 有時候這樣　□3. 不經常這樣　□4. 沒有這樣

- **計分方式：**
  除 1、2、4 題依序為「0-1-2-3」計分，其餘皆以「3-2-1-0」計分。

- **分析說明：**

綠燈～0 分至 9 分

分析

妳能夠以正向的態度去面對初為人母的新生活，並能勇敢接受各種挑戰，沒什麼困難可以擊倒妳，請繼續保持最好的心情，妳會發現，寶寶會用最甜美的微笑來回應妳。

黃燈～10 分至 12 分

分析

在過去七天內，有些事情的進展不如預期、或是一些身體上的不適等，很可能影響了妳的心情，讓妳的情緒受到波動。建議妳可以透過各種管道，例如向親密好友、娘家媽媽傾吐，或是上網，讓自己的心情得到紓解。選擇一些能讓自己愉悅的食物、放自己一天假，也可以讓緊繃的心情暫時得到舒緩。

七天之後，歡迎妳再次回到這裡重新做一次心情指數問卷，相信結果會大不同。

紅燈～13 分（含）以上

分析

此量表最高分數為 30 分，當妳的得分在 13分 或以上時，這表示妳的心情已經亮起了紅燈，生活上的難題已經讓妳快要透不過氣來，妳的情緒非常需要得到舒緩，別再悶在心裡自己承受。

二十六、婦女產後避孕

　　大地要重新孕育新生命一定要休養生息一陣子，同理，子宮要再度懷孕，**自然產**至少需休息 **6 個月**，**剖腹產**至少需休息 **12 個月**，才能再度孕育生命。媽媽在生產完之後身心都相當精疲力盡很勞累之外，還要照顧自己的寶寶，為了避免與下一胎的間隔太近，婦女產後避孕是相當重要的課題唷！

避孕方式：

1. 保險套 (condom)：
- 避孕效果：85 ％
- 優點：
  (1) 使用簡便
  (2) **可預防性傳染病**
  　　（例如：菜花、梅毒、愛滋病……）
  (3) 購買與取得方便
- 注意事項：
  (1) 需男性於每次行房時正確且全程配戴
  (2) 可能破損或漏出而影響避孕效果
  (3) 性行為過程中，若要使用潤滑劑，則建議使用**水性**潤滑劑

2. 自然避孕法：
- 計算安全期、體外射精等，避孕效果 73~75 ％
- 優點：
  (1) 不必額外花錢準備避孕工具
  (2) 方法簡單
- 注意事項：
  (1) **失敗率較高**
  (2) 需花心思記住月經週期，不適用於經期不規則者

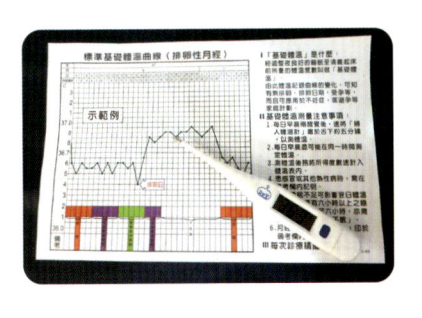

3. 口服避孕藥（OCP；Oral Contraceptional Pills）：

- 平均避孕效果：92 %
- 優點：(1) 使用簡便**若能每日按時服用**，**成功避孕率**可達到**99%**以上
  (2) 有低劑量口服避孕藥可以選擇，例如：Mercilon 美適儂
  (3) 哺乳的媽媽服用後會**降低**乳汁分泌
- 注意事項：(1) 配合月經週期使用（經期**第 5 天睡前服用**）
  (2) 需**每天服用**才能確保避孕效果
  (3) 心血管疾病患者、家族內有女性血栓類病史，嚴重的肥胖或高膽固醇血症，以及 35 歲以上的女性吸菸者不宜使用

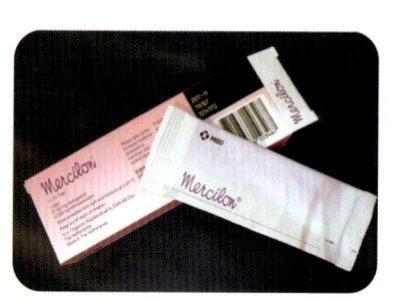

4. 含銅避孕器（IUD with copper；「IUD」即 Intra Uterine Device 的縮寫）：

- 避孕效果：95～98.7 %
- 優點：(1) 置入、取出均方便，藉由**銅離子**釋出造成**子宮內膜發炎**反應而達到避孕效果，有效期為 **5 年**
  (2) 取出後，可立即恢復生育力
  (3) 安裝後可哺乳
- 注意事項：(1) **經血量**及**經痛**可能**增加**
  (2) **易增加**骨盆腔和陰道感染的機會，骨盆腔感染可能導致不孕並提高子宮外孕機率

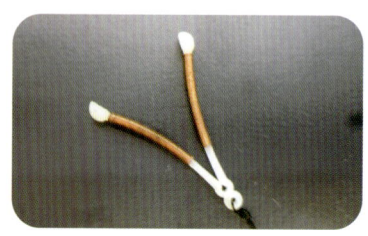

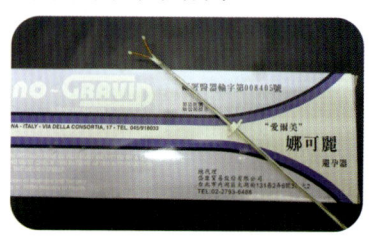

5. 3年型子宮內投藥系統 (IUS ; Intra - Uterine System)：

- 避孕效果： > 99 %
- 優點：(1) 世界最小且為年輕女性設計的子宮內投藥系統
  - (2) 裝置後緩慢釋出低劑量黃體素，效果可長達 3 年
  - (3) 局部作用於子宮，全身性副作用少
  - (4) 取出後可快速恢復生育力
  - (5) 安裝後可哺乳
- 注意事項：(1) 裝置過程簡單，可於婦產科門診內裝置（需數分鐘）
  - (2) 裝置後三至六個月為適應期可能會有點狀出血
  - (3) 未生產過女性亦可使用

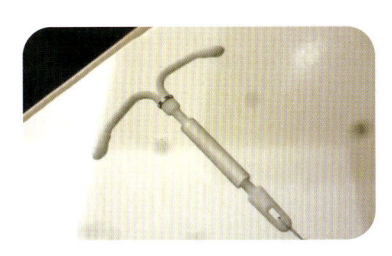

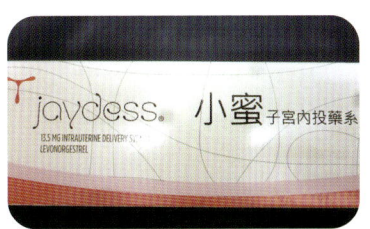

6. 女性結紮：

- 避孕效果： > 99 %
- 優點：(1) 手術成功則具永久性避孕效果
  - (2) 沒有破壞卵巢功能，因此不會造成女性之內分泌失調
- 注意事項：(1) 不易回復生育能力
  - (2) 具有手術風險

> 小叮嚀：男性輸精管結紮後的再接通成功率高達「70%」以上，因此年輕且皆為自然產的夫婦，我會比較建議採行「男性結紮」的方式。

國家圖書館出版品預行編目(CIP)資料

生產坐月子圖解手冊 / 陳祥君著. -- 三版. -- 臺北市：遠流, 2024.09
　面；　公分.
ISBN 978-626-361-729-2 (平裝)

1.CST: 婦女健康 2.CST: 產後照護 3.CST: 育兒

429.13　　　　　　　　　　113007130

親子館 A5064
生產坐月子圖解手冊（暢銷新版）

作　　　者／陳祥君
副總編輯／陳莉苓
校　　　對／陳美秀、蔡依礽、陳祥君產後護理之家編輯小組
封面設計、插畫／利曉文
行　　　銷／陳苑如
排　　　版／平衡點設計

發行人／王榮文
出版發行／遠流出版事業股份有限公司
104005 台北市中山北路一段11號13樓
郵撥／0189456-1
電話／2571-0297　傳真／2571-0197
著作權顧問／蕭雄淋律師

2024年9月1日 三版一刷
售價新台幣 480 元（缺頁或破損的書，請寄回更換）
有著作權・侵害必究　Printed in Taiwan

遠流博識網
http://www.ylib.com
e-mail:ylib@ylib.com